工业智能与工业大数据系列

面向智能制造的 AGV 路径规划与自主协同控制

姚锡凡　王柯赛　姜俊杰　胡晓阳　著

电子工业出版社.
Publishing House of Electronics Industry
北京·BEIJING

内 容 简 介

本书包含面向智能制造的 AGV 需求而开展的路径规划与自主协同控制两大主题内容。首先分析了智能制造的发展现状与发展趋势，并由此引出了面向新一代智能制造的 AGV 物料运输需求；其次介绍了两大主题的关键基础技术——同时定位与建图（SLAM）技术；然后重点论述了常见智能优化算法（包括 GA、GWO 算法、FA、Q-Learning 算法）和多 AGV 协同控制；最后给出了应用 AGV 进行物料运输的智能制造系统案例。

本书适合从事人工智能、智能制造的科研人员和工程技术人员及管理人员阅读，也适合相关专业的高年级本科生和研究生阅读或作为辅助教材使用。

图书在版编目（CIP）数据

面向智能制造的 AGV 路径规划与自主协同控制 / 姚锡凡等著．—北京：电子工业出版社，2024.6

（工业智能与工业大数据系列）

ISBN 978-7-121-47263-3

Ⅰ．①面… Ⅱ．①姚… Ⅲ．①无人搬运车－研究 Ⅳ．①TH242

中国国家版本馆 CIP 数据核字（2024）第 037040 号

责任编辑：刘志红

印　　刷：天津千鹤文化传播有限公司
装　　订：天津千鹤文化传播有限公司
出版发行：电子工业出版社
　　　　　北京市海淀区万寿路 173 信箱　　邮编：100036
开　　本：787×980　1/16　印张：15　字数：298 千字
版　　次：2024 年 6 月第 1 版
印　　次：2024 年 6 月第 1 次印刷
定　　价：98.00 元

凡所购买电子工业出版社图书有缺损问题，请向购买书店调换。若书店售缺，请与本社发行部联系，联系及邮购电话：（010）88254888，88258888。

质量投诉请发邮件至 zlts@phei.com.cn，盗版侵权举报请发邮件至 dbqq@phei.com.cn。

本书咨询联系方式：（010）88254479，lzhmails@163.com。

前　　言

本书以基于多 AGV 的离散型智能制造为研究对象，面向多品种单件小批量的定制化产品生产（长尾生产）需求，研究 AGV 路径规划与自主协同控制，旨在解决离散型智能制造因个性化产品生产需求而面临的高度柔性化和智能化的共性科学问题。

当前制造业面临劳动力成本上升和环境污染等诸多挑战，我国作为制造业大国，为了实现从制造业大国向强国的转变，顺应新一轮科技和产业革命下制造业智能化转型升级的需求和"人工智能+"的发展趋势，出台了以智能制造为规划部署的六大重点应用领域之一的《新一代人工智能发展规划》。AGV 路径规划与自主协同控制是人工智能和智能制造的共性关键技术，其本身就是人工智能的具体研究对象之一，其研究有利于群体智能、自主智能、大数据智能等新型智能形态的发展，将其应用于制造业可促进新一代智能制造的发展。在我国向制造业强国的行列阔步迈进之时，教育部先后发布了《教育部高等教育司关于开展新工科研究与实践的通知》《教育部办公厅关于推荐新工科研究与实践项目的通知》《教育部关于印发〈高等学校人工智能创新行动计划〉的通知》等。本书研究内容对于机器人工程、智能制造工程、人工智能等新工科建设和高级创新人才培养具有重要的推动作用。

本书是作者团队在智能（智慧）制造和移动机器人/AGV 领域从事多年研究工作的基础上，特别是在总结所主持的国家自然科学基金项目（51675186）、国家自然科学基金委员会与英国爱丁堡皇家学会合作交流项目（51911530245）、广东省基础与应用基础研究基金项目（2024A1515011048、2022A1515010095、2021A1515010506）等产学研合作项目取得的研究成果的基础上加以延伸和拓展而成的。作者团队近 5 年发表了多篇论文，部分论文入选《Journal of Intelligent Manufacturing》期刊高被引论文、《计算机集成制造系统》期刊优秀论文和封面论文，积累了大量相关的素材，但这些素材还比较分散并缺乏系统性归纳总结，本书正是这些研究成果的归纳总结并对其加以提升的结果，不仅具有很高的学术价值，还对智能制造人才培养和我国制造业智能化转型升级具有重要的推动作用。

本书的特点及创新之处在于将人工智能与智能制造相融合、理论与实践相结合、传承与发展相结合。首先，AGV 路径规划与自主协同控制既是人工智能和智能制造的共性关键技术，又是新一代人工智能融合于智能制造的体现。其次，本书作为作者团队前期研究成果的总结与提升的结果，书中理论经过了应用的验证——由参与产学研应用的研究生参与撰写，这本身也是人才培养工作的内容。最后，本书既研究传统 AGV 路径规划与自主协同控制的智能优化算法改进，又对深度强化学习等新一代的人工智能技术加以探讨。

本书分为 5 章。第 1 章介绍了智能制造的发展现状与发展趋势、面向新一代智能制造的 AGV 物料运输需求、路径规划问题与多 AGV 协同调度的研究现状；第 2 章介绍了面向智能制造的 SLAM 技术；第 3 章介绍了单 AGV 路径规划技术与算法；第 4 章介绍了多 AGV 协同控制技术；第 5 章介绍了研究成果在生产实践中的应用案例。

作者团队在本书的撰写过程中，除参考、引用作者团队发表的期刊论文和学位毕业论文外，还参考、引用了作者团队课题组的刘敏、景轩等博士研究生，刘二辉、黄宇等硕士研究生的成果，同时参考、引用了其他相关作者的著作和论文，在此对这些著作和论文的作者深表感谢；同时感谢推荐专家及电子工业出版社的大力支持和帮助。

目　　录

第1章 绪论

本章首先介绍智能制造的发展现状与发展趋势，并由此引出面向新一代智能制造的 AGV（Automated Guided Vehicle，自动导引车）物料运输需求，然后介绍路径规划问题与多 AGV 协同调度的研究现状，最后介绍本书的内容安排。

1.1 智能制造的发展现状与发展趋势

随着人类生活水平的提高和信息通信技术的迅速发展，用户需求的个性化和多样化日益增强，对产品的功能、品质和服务有了更高的需求，而市场竞争也从传统规模经济的低价竞争转向大规模定制/个性化定制的经济竞争，企业面临竞争越来越激烈的动态多变的市场环境。

新一轮的科技与产业革命已拉开序幕。德国率先提出了基于信息物理系统（Cyber-Physical System，CPS）的以智能制造（Smart Manufacturing，SM）为主导生产方式的第 4 次工业革命[1]；美国作为 CPS 的起源国，成立了 SM 领导联盟，旨在通过先进制造技术来复兴美国制造业[2]；通用电气公司提出了"工业互联网"[3]，旨在通过互联网技术使工业数据流、硬件、软件实现智能交互；日本则提出了工业价值链计划[4]，旨在推动智能工厂（Smart Factory，SF）的实现。而我国作为制造业大国，随着人口红利逐渐消失，依靠大量消耗资源的劳动密集型的发展思路难以为继，面临双向压力：一方面低端制造业向更低成本的国家转移，另一方面高端制造业回流"再工业化"和引领新工业革命的发达国家，为此在万物互联、人工智能（Artificial Intelligence，AI）无处不在的时代[5]，我国于 2017 年 7 月出台了《新一代人工智能发展规划》，其涵盖大数据智能、跨媒体混合智能、群体智能、自主智能系统等新一代人工智能方向，并将智能制造作为规划部署的重点应用领域之一。

1.1.1　智能制造的发展现状

人工智能的概念在 1956 年被正式提出来，而智能制造（Intelligent Manufacturing，IM）在 20 世纪 80 年代末得到发展。因为人工智能是智能制造的基础，所以智能制造的发展也推动了人工智能的发展。因此，人工智能和智能制造都是动态发展的。

人工智能的发展并不是一帆风顺的，它经历了 2 次热潮与寒冬的循环交替，其研究热潮先从早期的机器定理证明到专家系统，再到目前兴起的以大数据与深度学习（或说计算智能）为主的第 3 次热潮（见图 1-1）[6]。早期人工智能的发展成果主要体现在计算机的符号推理（专家系统）上，而专家系统存在对领域专家的依赖性、知识获取的困难性及解决问题的灵活性等问题。20 世纪 80 年代，David Rumelhart 等人提出的反向传播学习算法解决了神经网络（Neural Network，NN）分类能力有限的问题，使人工神经网络（Artificial Neural Network，ANN）研究获得重要突破，由此也引发了包括模糊逻辑（Fuzzy Logic，FL）算法、NN 算法、遗传算法（Genetic Algorithm，GA）等计算智能的兴起。随后，出现了以多智能体（Agent）为代表的分布式人工智能（Distributed AI，DAI）。随着互联网数据的"爆炸性"增长，特别是随着物联网（Internet of Things，IoT）和移动互联网的发展，运用海量数据的机器学习迅速崛起，催生了以大数据和深度学习为主要标志的新人工智能热潮。

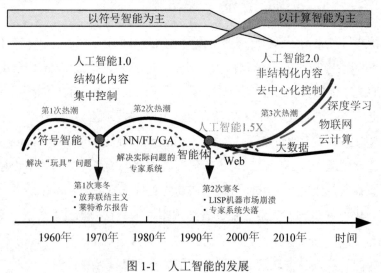

图 1-1　人工智能的发展

从智能角度来看，人工智能可以分为以符号智能为主的人工智能 1.0 及以计算智能为主的人工智能 2.0。计算智能包括 FL 算法、NN 算法、启发式算法等，特别是在 NN 算法基础之上发展起来的深度学习算法，其可从大量输入数据中学习有效的特征表示，避免显式的特征提取。从输入数据中学习得到的特征对数据有更本质的刻画，能更深刻地揭示海量数据中承载的丰富信息。从图 1-1 所示的人工智能的发展可以看出，从人工智能 1.0（着重于符号智能）到人工智能 2.0（着重于计算智能），它面临从结构化数据到非结构化数据及从集中式控制到分布式控制的双重挑战。

中文的"智能制造"，早前是指 M，它是 20 世纪 80 年代末随着计算机集成制造（Computer-Integrated Manufacturing，CIM）的研究兴起的，进入 2010 年前后，中文的"智能制造"是指 IM、SM 或两者兼有[7]。但欧美国家越来越多地使用 SM 这一术语，以表示随着 IoT 和大数据等新一代信息与通信技术（Information and Communication Technology，ICT）而兴起的新一代智能制造。

智能制造随着人工智能的发展不断演化（见图 1-2），最初由日本于 1989 年提出，后来多个国家加入了智能制造系统国际合作研究项目，在很大程度上促进了智能制造（IM）的发展[8]。FL 算法、NN 算法、GA 等计算智能在 20 世纪 80 年代兴起及以多智能体为代表的分布式人工智能在 20 世纪 90 年代兴起，在一定程度上促进了计算智能在智能制造中的应用。但当时智能制造（IM1.0）主要借助专家系统等人工智能 1.0 技术加以实现，而专家系统又存在诸多问题，因此依赖于知识库的专家系统在智能制造的应用中遇到了困境，并局限于智能制造中的某些局部环节，这对当时处于支配地位的计算机集成制造的发展起到了推动作用[9]。

进入 21 世纪后，得益于计算能力的提高、大数据的兴起及深度学习算法的突破，人工智能进入了以计算智能为主的新阶段（人工智能 2.0）。伴随着以 IoT、云计算等为代表的新一代 ICT 的出现和发展，先后出现了制造物联、云制造等新一代网络化制造模式，而随着以大数据和深度学习为代表的新一代 ICT/人工智能技术的应用，形成了大数据驱动的新一代智能制造模式（SM 或 IM2.0），也孕育着以智能制造为特征的新一轮工业革命（工业 4.0）。实际上，新一代网络化制造与新一代智能制造相伴而生，彼此交互融合，此时网络化制造也变为智能制造，制造物联（网）就是如此演化的[10]。因此，新一代智能制造将以工业互联网为基础设施，不仅能实现广泛的互联互通——贯穿于设计、生产、管理、服务等制造活动的各个环节，还由工业 3.0 生产的配角跃升为工业 4.0 生产的主角。

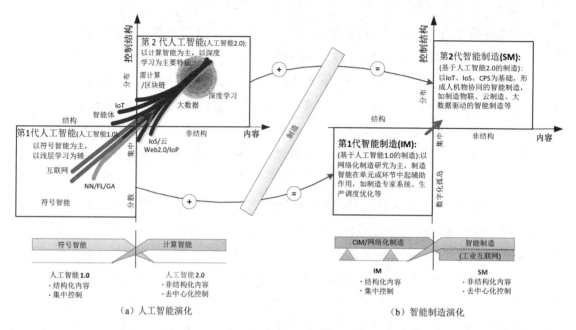

图 1-2　人工智能与智能制造发展

新一代智能制造通过将 IoT、务联网（Internet of Services，IoS）、内容/知识互联网（Internet of Content/Knowledge，IoCK）、人联网（Internet of People，IoP）与先进制造技术深度结合，形成了信息物理生产系统（Cyber-Physical Production System，CPPS）乃至社会信息物理生产系统（Social CPPS，SCPPS）[11]。与基于知识的专家系统的推理与知识表示不同，机器学习（计算智能）是由数据驱动的，它先通过学习建模，再进行预测和动作；而基于知识的专家系统本质上是一个具有大量专业知识和经验的计算机程序系统，该系统内置知识库和推理机，其中知识库中存放了求解问题所需要的知识，推理机负责使用知识库中的知识去解决实际问题。例如，产生式专家系统由 If…then…else…规则实现，这种基于有限的预定规则范式无法处理系统中未曾预先定义的问题，只是机械地执行程序指令完成既定设计，因此其应用是极其有限的。

与基于规则、逻辑和知识推理的传统智能制造不同，新一代智能制造的基础是大数据[12]，特别是随着 IoT/CPS 的引入，它需要利用 ICT/人工智能对其产生的海量数据进行收集、处理和分析，把产品、机器、资源和人有机结合在一起，推动制造业向基于大数据分析与应用的智能化转型[13, 14]。图 1-3 所示的由大数据学习驱动的新一代智能制造，先通过学习建模，再进行预测和动作，这种基于新一代人工智能运用的智能制造系统与传统智能制造系统有很大不同。

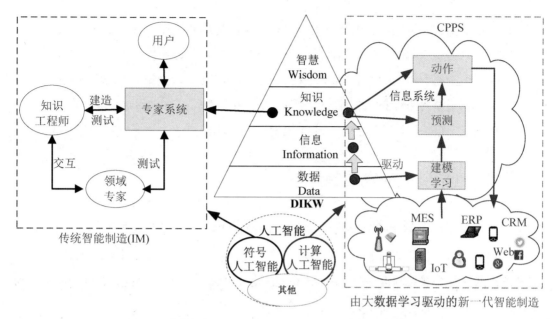

图 1-3　传统智能制造与由大数据学习驱动的新一代智能制造

工业 4.0 最初是由 IoT 在制造业中的应用引起的，随后 IoS、智能工厂和 CPS 也成为其组成部分。工业 4.0 与智能制造如图 1-4 所示。智能工厂是工业 4.0 的重要组成部分，也是外延更广的智能制造的组成部分；CPS 可看作一种由 IoT 和 IoS 融合而成的系统。因此，智能制造是一种基于 CPS 的制造模式，而工业 4.0 的主导生产方式是智能制造（智能工厂）[15]。

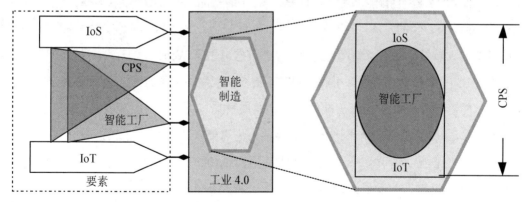

图 1-4　工业 4.0 与智能制造

工业 4.0 下的智能制造是面向产品全生命周期、泛在感知条件下的制造，通过信息系统和物理系统的深度融合，把传感器、感应器等嵌入制造物理环境中，通过状态感知、实时分析、自主决策、精准执行和反馈，实现产品设计过程、生产过程和企业管理及服务的智能化。从智能角度来看，设备物联网络化是当前的发展趋势，分布式雾计算提高了设备的智能与自主性，数字化、网络化诞生了大数据，而大数据智能、群体智能、自主智能系统等新一代智能技术促进了智能制造模式的转变，进而形成了面向个性化需求，具有自感知、自学习、自决策、自执行、自适应、自组织等特征的新一代智能制造。

1.1.2 智能制造的发展趋势

实际上工业 4.0 下的智能制造是众多技术融合发展的结果，并且还处于不断发展演化之中。归结起来，新一代智能制造最明显的发展趋势是[15]：从百花齐放演化为融合统一，即从新兴智能制造演化为智慧制造（Wisdom Manufacturing/Wise Manufacturing，WM）或 SCPPS；从集中演化为分布、从被动演化为主动。

（1）从百花齐放演化为融合统一。

当初，IoT 与制造技术融合形成了智能工厂或制造物联，而云计算（广义上的 IoS）与制造技术融合被称为云制造。由于 CPS 的内涵及外延比 IoT 和 IoS 要广泛得多，特别是随着基于 CPS 的工业 4.0 理念被世界各国普遍接受，因此人们往往将新兴的智能制造模式都归结到工业 4.0 下的基于 CPS 的智能制造中。而基于 CPS 的智能制造又被称为 CPPS。

随着 IoT/IoS/CPS 的发展，诞生了工业大数据或制造业大数据，同时催生了诸如预测制造和主动制造的大数据驱动智能制造。实际上，大数据诞生于 Web 2.0 的互联网时代，最初主要由人与人交互（IoP/移动互联网）引起，同时 IoP/社交网络与三维打印等技术的融合，诞生了社会制造。随着新一代 ICT/人工智能的进一步发展及其与制造技术的深度融合，还会涌现其他超出 CPPS 范畴的新一代智能制造模式，因此人们需要研究包括社会系统（社会制造）在内的更广泛的制造模式。研究表明，虽然这些从不同视角提出来的制造模式具有不同的产生背景和侧重点，但它们的发展走向融合已成为一种趋势。智慧制造正是将互联网的支持技术——IoP、IoCK、IoS 和 IoT，与制造技术深度融合而提出的一种人机物协同制造模式，如图 1-5 所示。若用 M 表示制造（Manufacturing），用 I 表示未来互联网，则 $I=\{IoP, IoCK, IoS, IoT\}$、$WM=I \cap M=\{IoP \cap M, IoCK \cap M, IoS \cap M, IoT \cap M\}$。

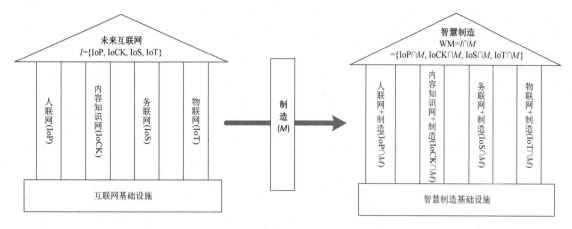

图 1-5　人机物协同制造模式

综上所述，新一代智能制造已从最初着重于物理系统的感知与集成（如制造物联），进一步与信息系统融合，形成了 CPPS；再进一步与社会系统融合，形成了 SCPPS——智慧制造，延伸和拓展了工业 4.0 下的 CPPS 理念[16]。

（2）从集中演化为分布、从被动演化为主动。

SM 早期研究将物理节点感知的数据传送到云计算中心进行处理，虽然云计算中心较好地实现了大批量（历史）数据处理及资源共享与优化配置，但它将导致云计算中心节点负载大、传输带宽负载量重、网络延迟明显、生产上实时性难以保证及存在安全和隐私等问题[17]，同时也使网络边缘物理设备（节点）缺少自主能力[18]。在新一轮工业革命背景下，随着制造物联终端与连接规模的快速扩展，传统集中式信息处理与管理的模式难以适用，将逐步演化为以云计算的集中式管理与以雾计算的分布式自治相结合的云雾制造模式[19]（由于边缘计算和雾计算概念具有很大的相似性，这里不对两者加以区别使用），使边缘物理设备成为数据消费者和生产者。

纵观历史，现代集成制造就是在 ICT/人工智能技术的推动下不断向前发展的。如果说个人计算机（Personal Computer，PC）的出现标志着工业 3.0 的开始，那么 IoT 与 IoS 的融合就标志着工业 4.0 的开始。在 PC 时代，"计算机+制造"诞生了各种各样的计算机辅助技术，包括计算机辅助设计（Computer Aided Design，CAD）、计算机辅助工程（Computer Aided Engineering，CAE）、计算机辅助工艺规划（Computer Aided Process Planning，CAPP）、计算机辅助制造（Computer Aided Manufacture，CAE），随着计算机局域网的出现，产生了将各种"数字化、信息化、智能化孤岛"集成的计算机集成制造。20 世纪 90 年代，随着互联网的出现，产生了以敏捷制造和虚拟等为代表的网络化制造，即诞生了"互联网+制造"；随着制造业信息化从"互联网+"转向"人工智能+"，制造业也开始拥抱"人工智能+"。图 1-6 显示了如何从工业 3.0 演化到工业 4.0，以及制造业如何从"计算机+"演化到"互联网+"，再到"人工智能+"。

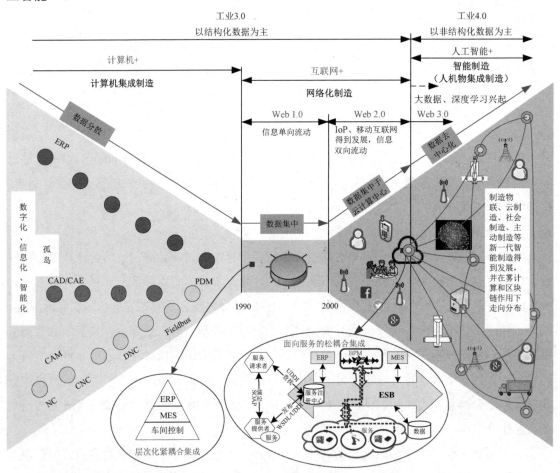

图 1-6 随工业 4.0 发展而走向云雾融合大数据驱动的智能制造

像其他技术的成长轨迹一样，"人工智能+制造"虽然还处于早期发展阶段，但它将伴随新工业革命的发展继续向前演化。在新一代智能制造中，大数据是其基础，通过数据驱动实现制造智能化是必经之路。对于数据驱动的制造数字化/信息化/自动化/智能化，可追溯到 20 世纪先后出现的数字控制（Numerical Control，NC）、计算机数字控制（Computer Numerical Control，CNC）、直接数字控制（Direct Numerical Control，DNC）、CAD、CAE、CAPP 等，虽然以企业资源计划（Enterprise Resource Planning，ERP）为代表的管理信息系统和以数控加工、柔性制造为代表的自动化技术分别实现了对企业经营管理和车间自动化的集成，但是由于为解决"数字化、信息化、智能化孤岛"而生的计算机集成制造的数据处理能力有限，也缺乏实时通信能力，从而导致企业上层 ERP 缺乏有效的实时信息支持，以及下层控制环节缺乏优化的调度与协调。虽然后来出现了为解决生产计划与底层控制脱节的制造执行系统（Manufacturing Execution System，MES），但由于该系统采用紧耦合的集成方式，因此其仍存在诸如可集成性差、缺乏可扩展性和敏捷性等问题。20 世纪 90 年代进入了基于互联网（Web 1.0）的网络化制造，由于 Web 1.0 的信息单向流动，网络操控能力掌握在少数专业人士手中，用户仅为网络内容的消费者，因此呈现出数据集中化的网络化制造模式，其信息透明度低、信息交互能力弱，制造业的用户参与程度低。随着互联网进入 Web 2.0，实现了信息的双向流动，用户既是网络内容的消费者也是生产者，信息透明度增高，数据逐渐呈现去中心化的发展趋势，智能移动终端的发展形成了信息交互频繁的人际关系网络（IoP），消费互联网快速兴起，并起到至关重要的市场导向作用，市场竞争愈发激烈，面向服务的集成制造理念日渐深入人心。因此，在面向服务的体系结构（Service-Oriented Architecture，SOA）和云计算理念之上诞生了云制造，它能通过诸如企业服务总线（Enterprise Service Bus，ESB）集中数据资源和各种制造资源，通过服务松耦合连接实现跨平台的应用，敏捷地应对不断变化的业务需求。2010 年后，互联网进入 Web 3.0，融合了语义网、IoT、云计算、移动网络、大数据、信息物理融合、增强现实（Augment Reality，AR）、人工智能等多种技术，实现了人与人、物与物、人与物的大规模深层次交互，加上机器学习算法的进步和计算机运算能力的提高，出现了以非结构化数据为主的大数据科学。随着工业互联网的兴起，诞生了由大数据学习驱动的新一代智能制造，而雾计算与区块链进一步促进了智能制造向分布与自主方向发展[15]。

1.2　面向新一代智能制造的 AGV 物料运输需求

在智能工厂中，AGV/机器人是其中的重要一环，它们主要应用于自动化生产车间（见图 1-7）和物流仓库，承担物流运输等工作。制造系统走向分布式控制是一种发展趋势。人们曾经采用不同途径和方法来研究分布式智能制造，尤其是从多智能体或多机器人协同视角来研究，而基于多智能体的智能制造可以追溯到自组织制造（Self-Organizing Manufacturing，SOM）。SOM 本质上是一种智能制造模式，也是解决工业 4.0 中定制化产品生产的一种途径[20]。

图 1-7 应用于自动化生产车间的 AGV

与传统自上而下的制造系统集中式控制不同，SOM 采用自下而上的控制方式，它建立在一个虚拟空间中，由系统个体成员之间的相互作用形成一个全局的行为，即基于设备的执行能力和产品的生产要求进行自主协调生产。

虽然基于多智能体的智能制造研究取得了不少研究成果，但大多数还处于实验和仿真阶段[21]，受技术条件和成本等因素限制，在实际生产中应用较少，因此必须解决基于多智能体的智能制造如何"落地"的问题，而机器人及其协同工作是实现基于多智能体的智能制造"落地"的重要技术[22]。

在实际生产中，典型的离散型智能制造是通过 AGV 实现的。如果将机器（如机床）和 AGV 看作智能体，那么基于多 AGV 柔性制造可以看作基于多智能体的智能制造的一种"落地"形式。虽然 AGV 使制造系统具备了较好的柔性，但其还不能满足工业 4.0 下自主智能制造所需的自主协同需求。未来智能工厂是信息物理深度融合的生产系统，通过信息与物理一体化的设计与实现，其构成是可定义、可组合的，其流程是可配置、可验证的，在个性化生产任务和场景驱动下，其可自主重构生产过程[23]。

图 1-8 所示的 CPPS 首先通过 IoT 感知物理资源的原始数据及环境信息，然后通过大数据智能分析抽取隐藏在其中的信息/知识或事件，并根据外部环境变化自主判断决策，通过 IoS 将制造资源/能力虚拟化和服务化，按照业务流程应用于产品全生命周期制造活动，最后通过信息系统实现对物/机器的控制。大数据信息流最终通过互联网在物理系统和信息系统之间传

递，形成一个"操作对象—物理交互—泛在传感—数据传输—大数据—云计算—建模—预测与优化—主动协同控制—自主智能执行—操作对象"循环的闭合回路。

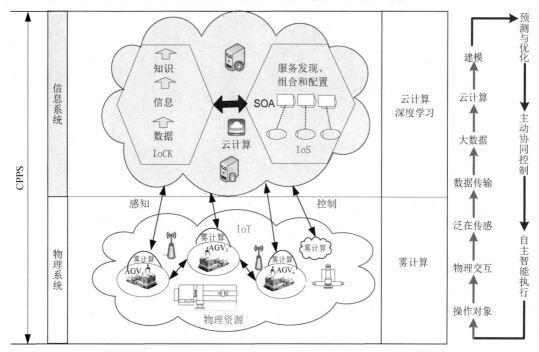

图1-8　基于AGV与机器构成的CPPS运作机制

因此，可通过IoS中的生产调度（服务组合）来协同IoT中的制造资源（机器和AGV），其中生产调度由IoS联结的制造云服务组成，对应的物理系统（物理空间）由IoT联结的实体制造资源（机器和AGV）组成。位于虚拟空间的"集中式"任务调度系统，需要完成AGV与机器的作业调度和协调，而分散位于物理系统的AGV，通过雾计算以处理分布式信息的方式实现雾端（物端）的智能和自治。集成AGV的生产作业调度如图1-9所示。

自主机器人是实现工业4.0的关键支撑技术之一[24]，特别是自主AGV/机器人在其中起到越来越重要的作用[25, 26]。在未来的CPPS中，那些配备传感器和执行器，并能与环境交互而具有智能、合作和交流互动能力的自主单元将成为制造系统的基本元素，企业必将面临如何通过互联互通、分散合作、冲突解除及基于环境观察局部决策来综合考虑生产车间中的AGV定位、导航和协调问题[27]。随着自主智能制造的发展[28]，人们要求AGV具备的功能也愈发增多，如需要AGV具备完成自主路径规划、自主充电、自主避让障碍物等功能。其中，完成自主路径规划是各类AGV需要具备的重要功能。在智能工厂的应用环境中，AGV需要及时完成路径规划，并找到最优路径。

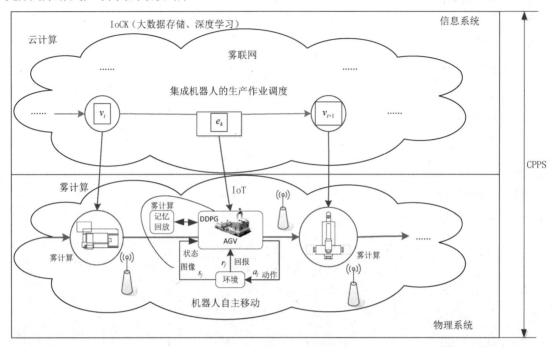

图 1-9　集成 AGV 的生产作业调度

1.3　路径规划问题与多 AGV 协同调度的研究现状

1.3.1　路径规划问题的研究现状

AGV 路径规划是指机器人以某一个或多个衡量指标（如运行成本、耗时、路径长度、路径曲线光滑度）在工作空间内找到一条从起点到终点的可行路径，且该路径必须满足避障原则。因此，AGV 路径规划从本质上讲是一种求解多约束条件下的最优解问题[29]。

路径规划的分类可从以下方面考虑。

（1）根据目标点数目可将路径规划分为单目标路径规划和多目标路径规划。单目标路径规划也称两点（起点和终点）间路径规划，该规划是比较简单的；多目标路径规划是指规划出的路径需要遍历多个目标点，与旅行商问题（Traveling Salesman Problem，TSP）求解的基本思想类似，因此可将其视为 TSP 来求解[30]。

（2）根据 AGV 对环境、障碍物信息的感知程度可将路径规划分为全局路径规划和局部路径规划。前者是指 AGV 对环境信息和障碍物信息完全已知，因此该规划过程是静态的，并且规划出的路径通常是全局最优的；后者是指 AGV 对部分环境信息未知，需要激光、视觉等传感器实时采集并更新环境信息，在此基础上对其下一步运行方向进行决策，因此该规划过程是连续且动态的，具有很强的实时性[31]和鲁棒性。由于局部路径规划无法对全局信息进行处理，因此在利用局部路径规划规划路径时，无法保证规划出的路径是全局最优的。目前，路径规划的通常做法是先利用全局路径规划寻找满足全局最优的运行路径，然后实时监测障碍物位置，并利用局部路径规划实现避障功能。

（3）根据 AGV 的数量可将路径规划分为单 AGV 路径规划和多 AGV 路径规划。单 AGV 路径规划只需要考虑 AGV 与障碍物的碰撞关系即可，所以考虑的因素较少，计算量也比较简单；多 AGV 路径规划不仅要考虑每台 AGV 与障碍物的碰撞关系，还要考虑各台 AGV 之间的冲突，更加注重各台 AGV 之间的信息交互与协同配合，这极大地提高了路径规划问题的难度和复杂度。

路径规划问题的解决需要融合机械、计算机、自动化等多学科、多领域的知识。早在 20 世纪 70 年代，人们就开始研究机器人路径规划问题并得到初步解决。路径规划问题的求解离不开优秀算法的支撑，改进的旧算法和新兴算法的出现极大地促进了路径规划技术的发展。按照时间顺序来看，国内外对于求解路径规划问题使用算法的研究可分为三个阶段，即传统算法、智能优化算法和新一代人工智能算法。传统算法主要包括广度优先搜索（Breadth-First Search，BFS）算法、深度优先搜索（Depth-First Search，DFS）算法、A*算法、快速搜索随机树（Rapidly-exploring Random Tree，RRT）算法、人工势场法等。Zuo 等学者[32]使用 DFS 算法找出了分区的覆盖顺序，进而提出了一种基于分区的全覆盖路径规划算法，减少了机器人在狭窄区域的转弯次数。程传奇等学者[33]优化了 A*算法的评价函数，并使用关键点选择策略来精炼路径点，最终与动态窗口法融合，可实现实时动态避障路径规划，且路径曲线更光滑。Zhang 等学者[34]首先使用 A*算法规划出了 AGV 的初始路径，然后使用关键点选择策略消除冗余节点得到了二次规划的结果，同时计算出了 AGV 在拐点处的旋转方向和旋转角度，所得二次规划结果的路径长度更短，转弯过程也更优。刘成菊等学者[35]使用改进 RRT 算法设计了一种适用于足球机器人动态避障的路径规划控制器，引入了引力分量，使机器人在生成随机树时变概率地向目标点进行搜索，以提高搜索终点的效率；使用平滑路径处理方式消除冗余节点，从而缩短了路径长度并解决了路径震荡问题，基于该算法设计的控制器应用在 NAO 机器人上并在 RoboCup 比赛中取得了佳绩。Yang 等学者[36]提出了一种改进人工势场法，解决了传统人工势场法在用于路径规划时会出现的障碍物附近目标不可达问题和易陷入局部最优问题，即优化了引力势场和斥力势场，并采取势场填充策略和引入回归搜索来优化路径，在仿真环境下使用提出的改进算法得到一条可避开所有障碍物的较优路径。

在使用传统算法解决路径规划问题时较显著的特征是几乎要在整个搜索空间进行计算和搜索，这无疑会导致计算量十分庞大，进而耗时严重，甚至出现组合爆炸现象，无法找到有效解。另外，传统算法在面对高维复杂环境时也露出了自身的短板。鉴于路径规划问题本质上是一种求最优解问题，因此国内外研究者通常使用智能优化算法来解决该问题。该算法表现出优于传统算法的性能和效果。智能优化算法是一类仿照生物行为的算法的总称，常见的智能优化算法有 GA[37]、蚁群优化（Ant Colony Optimization，ACO）算法[38]、粒子群（Particle Swarm Optimization，PSO）算法[39]、模拟退火算法（Simulated Annea-ling，SA）[40]等。Han 等学者[41]提出了一种可用于多 AGV 路径规划问题的改进 GA，使用三交换交叉启发式算子，产生了更多的优化后代，可以得到更多的局部搜索信息，用改进 GA 搜索的路径既能保证所有 AGV 路径长度总和最短，又能保证每台 AGV 路径长度最短。刘二辉等学者[42]使用灰狼优化（Grey Wolf Optimization，GWO）算法改进 GA 中选择操作的精英选择策略，维持了种群的多样性特征，保证了算法的全局搜索能力；将标准交叉变异操作改进为基于染色体信息熵的自适应交叉变异操作；对染色体中位于障碍物上的基因段进行邻域变异操作，以使规划出的路径避开障碍物。Cheng 等学者[43]提出了一种改进蚁群算法，用"蚂蚁边缘化"的思想设定蚁群的初始位置，定义了一种新的全局信息素分布规则，使信息素挥发系数自适应变化，并在信息素更新策略中引入模拟退火算法的思想，他们分别对基于无障碍物的 TSP 和有障碍物的单目标路径规划问题进行了仿真实验，证明了改进蚁群优化算法没有搜索时间长、停滞、收敛速度慢的缺陷。白建龙等学者[44]为解决蚁群优化算法易陷入局部最优的问题，改进了信息素的更新方法，将负反馈机制加入蚁群优化算法中，与传统蚁群优化算法中蚂蚁仅在最优的路径上释放正反馈信息素不同，改进算法中蚂蚁也能在较差的路径上释放负反馈信息素，以使后续的蚂蚁避免走较差的路径而更多地走入全新的路径中，从而提高算法的全局搜索能力。杨超杰等学者[45]提出了改进粒子群算法，将路径规划的应用场景从二维提升到三维，其创新性在于适应度函数中加入了路径与障碍物间距和路径光滑度指标，采用的自适应惯性权重因子和加速系数调整策略可以提高算法的全局搜索能力，为使算法跳出局部最优，其改进了逻辑混沌映射以实现全局最优粒子的混沌优化。Zhang 等学者[46]提出了一种基于差分进化的混合多目标基本粒子群算法，优化的目标包含路径的长度、平滑性和安全性，所提出的算法通过改进的差分进化变异策略，将被障碍物阻塞的非可行路径与可行路径相结合，生成最终的可行路径。此外，他们根据路径碰撞度的定义，提出了一种新的具有碰撞约束的帕累托控制算法来选择粒子个体的最佳位置。Hayat 等学者[47]在仿真环境中设置了圆形障碍物，并使用模拟退火算法来获得机器人在圆形障碍物之间的无碰撞最优路径，为验证算法的有效性，他们将该算法应用于不同工作区域和不同障碍物的环境中，最终得到了十分理想的结果。

智能优化算法的使用已经为路径规划技术带来了重大突破，它能更快、更好地得到一条优化路径，且具有较高的实时性。但传统算法和绝大多数智能优化算法的使用都基于环境信息已知的情况。当机器人面临复杂多变的环境时，上述算法几乎不再适用。目前，人工智能技术正处于快速发展阶段，作为新一代人工智能技术代表的深度学习和强化学习（Reinforcement Learning，RL），其与路径规划之间的联系越来越紧密[48, 49]。人工智能技术为复杂多变和环境未知情况下的路径规划问题提供了新的求解方向。文献[50]使用激光雷达采集到的数据确定目标点和障碍物的位置信息，并将上述信息用于细化机器人的当前状态，在设计动作集时，张福海等学者考虑了机器人运行的安全性，在计算机器人的回报值时使用了一个连续且分段的函数，因此机器人在做出动作时能够很快得到一个对应的回报，有利于提高算法的训练效率。植入深度学习算法的机器人在实际场景中能够有效地导航到终点。文献[51]将 NN 算法与 Q-Learning 算法相融合，将一种 NN 规划器用于拟合 Q 表数值，以便提高算法的收敛速度，使机器人能够成功地在放置了静态障碍物和动态障碍物的复杂环境中以理想速度进行导航，此算法中也考虑了避障问题的几何因素，从而确保了生成路径的安全性。王珂等学者[52]使用卷积神经网络（Convolutional Neural Network，CNN）算法和异步优势演员评论家（Asynchronous Advantage Actor Critic，A3C）算法实现了机器人动态路径规划。该算法的输入是由 RGB-D 相机采集的深度图像信息，输出是控制机器人移动状态的运动速度和转向角，使用 A3C 算法训练能确保输出状态信息的连续性。他们在制定奖惩规则时充分考虑了深度图像的最小值因素，并且为了进一步缩短训练时间，他们在机器人的运动学约束中使用了比例控制算法调整其移动速度，在使用 Gazebo 建立的仿真环境中进行训练来验证算法的效果。Kamoshida 等学者[53]提出了一种基于深度强化学习的 AGV 拣选系统路径规划算法，该算法使用原始的高维地图信息作为输入，以离线更新的方式通过与模拟系统的交互来收集环境信息，与使用的在线样本相比具有更快的收敛速度且更加可靠，所使用的深度神经网络中包含 4 个隐含层，每层中含有批量归一化函数、整流激活函数和 Dropout 函数。

上述文献虽然针对不同场景提出了多 AGV（或机器人）的路径规划算法，但大多只对单 AGV 路径规划进行了研究，而在少数学者研究的多 AGV 物料运输系统中，AGV 的数量也仅有 3～6 台，这相较于工厂实际需求无疑是偏少的，故在多 AGV 物料运输系统中路径规划的研究需要设置在一个比较复杂的环境中，且包含较多的 AGV。此外，多数对于路径规划技术应用实现的研究仅限于理论和仿真阶段，并未真正落地应用。因此，为使 AGV 更好地服务智能工厂，还需要对路径规划技术的应用实现进行进一步研究。

1.3.2　多 AGV 协同调度的研究现状

路径规划技术虽然能使 AGV 自主规划其最优可行路径，但在多 AGV 物料运输系统中，如果各 AGV 单纯地按既定路径运动，而不考虑其他 AGV 的实时位置，那么很容易出现路径冲突现象，如果 AGV 不具备感应避障功能，可能会出现 AGV 碰撞的异常状况，而且 AGV 自身的故障也会对其他 AGV 或整个系统的正常运作造成一定程度的影响。为避免上述问题的出现，学者们将调度技术引入多 AGV 物料运输系统中，部分 AGV 的实际运行路径需要根据实际调度结果进行实时变更，故路径规划与协同调度之间的联系十分紧密。随着新兴制造模式和定制化生产模式的出现，AGV 调度也更多地与作业车间调度结合，成为共融调度，从而使产品的最大完成时间和运输制造成本最优化。由此可见，多 AGV 协同调度不仅关系到多 AGV 物料运输系统的有效运作，也关系到车间的制造和生产进度。

多 AGV 协同调度是指对 AGV 调度任务进行分配和调整，目的是使多 AGV 物料运输系统处于高效的运行状态，使资源得以优化配置。根据任务信息的完整与否，多 AGV 协同调度可分为静态调度和动态调度[54]。前者是指在所有 AGV 的路径都已经确定好的基础上对其进行任务派发，离线调度的实现过程较为简单，但是缺乏灵活性，无法处理突发事件；后者是指在 AGV 的运行路径上可能会有其他 AGV 或 AGV 本身出现故障，因而需要实时调整，在线调度必然会复杂很多，需要的计算能力也应相对提高。多 AGV 协同调度的目标通常包括最大完工时间最短、总路径长度最短、等待时间最短等，因此多 AGV 协同调度可以根据优化目标的数目分为单目标调度与多目标调度，但不论如何，多 AGV 协同调度问题都是一个 NP 困难问题[55]，利用传统算法未必能解决该问题，而利用智能优化算法能解决该问题。虽然多 AGV 协同调度是多 AGV 物料运输系统应当具备的一项基本功能，但其仍是十分复杂的。因此，不管在国内还是国外，与多 AGV 物料运输系统相关的调度技术成了研究的热点和难点之一。

在国内，徐立云等学者[56]基于改进文化基因算法实现了多品种柔性生产中 AGV 的调度任务优化，他们建立的数学模型的约束条件包括 AGV 搬运能力、机床加工能力和产品加工时间等，优化目标为所有 AGV 任务完成时间，故个体编码的每个基因位上均有 3 个数字，分别表示 AGV、机床和工件的编号。他们使用了爬山算法以提高算法局部搜索能力，针对 1~4 台 AGV 和 24 种加工任务进行结果分析，并讨论了 AGV 数量和加工任务方案对调度任务目标函数值的影响。刘二辉等学者[57]将改进花授粉算法用于 AGV 与机器的共融调度，算法中的切换概率会随着迭代次数的变化而变化，并且该算法中引入了优先保护交叉策略和启发式变异算子，将 m 维的 n 个数据点进行中心化处理，根据所得矩阵的最小特征值及其对应的特征向量确定个体变异的方向，从而提高算法的全局搜索能力和局部搜索能力，此外还采用矩阵的形式对染色体的相似度进行计算，若 2 条染色体过于相似，则进行初始解重构，以提高初始种群的整体分布水平，但不足之处在于，文献中尚未体现对 AGV 碰撞和避障问题的研究。贺长征等学者[58]着重研究了多 AGV 与机器的集成调度问题，以最小化最大完工时间为优化目标构建了数学模型，将约束条件转换成网络图使工件、机器与 AGV 之间的约束关系能更加清晰地表示出来，面对路径冲突问题选择调节 AGV 速度/路径来避免发生碰撞，进而使用改进 GA 实现了柔性作业的集成调度，改进 GA 中混合了时间窗法和迪杰斯特拉算法，但在算法模型中并未考虑 AGV 的故障问题。在国外，Tavakoli 等学者[59]提出了一种生产过程调度和 AGV 分配的数学模型。该模型考虑了任意工艺的生产时间、设置时间、装卸行程时间、停车位时间、每个工位的产品卸货时间和装载量。他们通过数值算例对模型进行探讨，并利用 GAMS 软件进行求解。Fontes 等学者[60]提出了一种用于求解柔性制造环境下的联合生产运输调度问题的综合求解算法，利用 2 组链式决策将联合生产运输调度问题转化为一种新的混合整数线性规划问题，2 组链式决策分别用于机器和 AGV，并且通过机器操作和调度任务的完成时间约束来相互连接。Arani 等学者[61]考虑了单元形成问题和小区域调度问题，建立了单元化制造系统的综合数学模型，其目标是使最大完工时间与零件小区域内移动距离之和最小，他们将该综合数学模型转化为线性模型求解，并在 GAMS.9 软件上进行了计算实验，验证了模型的有效性和准确性。

1.4　本书的内容安排

本书面向智能制造的 AGV 需求而开展对路径规划与自主协同控制的研究，其内容安排如图 1-10 所示。

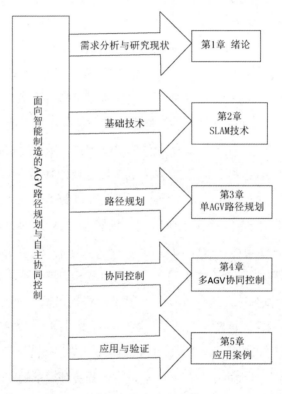

图 1-10　本书内容安排

本书各章内容介绍如下。

第 1 章：绪论。本章先针对本书选题综合分析智能制造的发展现状与发展趋势，并由此引出面向新一代智能制造的 AGV 物料运输需求，然后对路径规划问题与多 AGV 协同调度的研究现状进行分析，最后给出本书的内容安排。

第 2 章：SLAM 技术。本章从 SLAM 的研究背景出发，阐述视觉/激光 SLAM 的关键技术及应用，并介绍真实环境中视觉 SLAM 技术面临的挑战。本章是实现 AGV 路径规划和自主导航的关键技术基础。

第 3 章：单 AGV 路径规划。本章先介绍地图建模方法与 AGV 工作空间，然后概述常见智能优化算法，最后阐述 AGV 路径规划问题，其中使用的算法包括改进 GA、改进 GWO 算法、改进萤火虫算法（Improved Firefly Algorithm，IFA）及改进 DQN 算法。单 AGV 路径规划为多 AGV 协同控制提供了技术基础。

第 4 章：多 AGV 协同控制。多 AGV 协同控制问题十分复杂，一方面障碍物数目增加，另一方面也存在 AGV 对于运行路径的竞争和碰撞问题，为此本章先给出多 AGV 物料运输系统的控制方法及调度原则，然后分析 AGV 的路径冲突现象，探讨多 AGV 物料传输系统中 AGV 的调度问题，最后分析基于图神经网络的共融 AGV 自主作业调度。

第 5 章：应用案例。本章给出应用 AGV 进行物料运输的智能制造系统案例，也是对之前章节研究内容的综合应用。

本章参考文献

[1] Kang H S, Lee J Y, Choi S, et al. Smart Manufacturing: Past Research, Present Findings, and Future Directions[J]. International Journal of Precision Engineering and Manufacturing-Green Technology. 2016, 3(1): 111-128.

[2] 周佳军, 姚锡凡. 先进制造技术与新工业革命[J]. 计算机集成制造系统, 2015, 21(8):1963-1978.

[3] 中国互联网络信息中心. 第 29 次中国互联网络发展状况统计报告[R]. 北京: 中国互联网络信息中心, 2012.

[4] Industrial Value Chain Initiative. Industrial Value Chain Reference Architecture (IVRA)-Next [EB/OL]. [2018-4-16]. https://iv-i.org/wp/wp-content/uploads/2018/04/IVRA-Next_en.pdf.

[5] Gartner. The Top 10 Strategic Technology Trends for 2017 [R/OL].[2017-8-18]. http://www.gartner.com/smarterwithgartner/gartners-top-10-technology-trends-2017.

[6] Yao X F, Zhou J J, Zhang J M, et al. From Intelligent Manufacturing to Smart Manufacturing for

Industry 4.0 Driven by Next Generation Artificial Intelligence and Further On[C]. The 5th International Conference on Enterprise Systems, 2017.

[7] 周佳军, 姚锡凡, 刘敏, 等. 几种新兴智能制造模式研究评述[J]. 计算机集成制造系统, 2017,23(3):624-639.

[8] Kopacek P. Intelligent Manufacturing:Present State and Future Trends[J]. Journal of Intelligent & Robotic Systems, 1999, 26(3-4):217-229.

[9] 姚锡凡, 雷毅, 葛动元, 等. 驱动制造业从"互联网+"走向"人工智能+"的大数据之道 [J]. 中国机械工程, 2019,30 (2): 127-136.

[10] 姚锡凡, 张存吉, 张剑铭. 制造物联网技术[M]. 武汉: 华中科技大学出版社, 2019.

[11] Yao X F, Zhou J J, Lin Y Z, et al. Smart manufacturing based on cyber-physical systems and beyond [J]. Journal of Intelligent Manufacturing, 2019, 30(8): 2805-2817.

[12] Kusiak A. Smart manufacturing must embrace big data[J]. Nature, 2017, 544(7648):23-25.

[13] 姚锡凡, 周佳军, 张存吉, 等. 主动制造——大数据驱动的新兴制造范式[J]. 计算机集成 制造系统, 2017, 23(1): 172-185.

[14] 张洁, 汪俊亮, 吕佑龙, 等. 大数据驱动的智能制造[J]. 中国机械工程,2019,30(2):127-133.

[15] 姚锡凡, 景轩, 张剑铭, 等. 走向新工业革命的智能制造[J]. 计算机集成制造系统, 2020, 26(9):2299-2320.

[16] 姚锡凡, 周佳军. 智慧制造理论与技术[M]. 北京: 科学出版社, 2020.

[17] Wang P, Gao R X, Fan Z Y. Cloud computing for cloud manufacturing: Benefits and limitations [J]. Journal of Manufacturing Science and Engineering, 2015, 137(4).

[18] Li H, Ota K, Dong M X. Learning IoT in Edge: Deep Learning for the Internet of Things with Edge Computing [J]. IEEE Network, 2018, 32(1): 96-101.

[19] 景轩, 姚锡凡. 大数据驱动的云雾制造体系架构[J]. 计算机集成制造系统,2019, 25(9): 2119-2139.

[20] Zhang J M, Yao X F, Zhou J J, et al. Self-Organizing Manufacturing: Current status and Prospect for Industry 4.0[C]. The 5th International Conference on Enterprise Systems, 2017.

[21] Ribeiro L, Rocha A, Veiga A, et al. Collaborative routing of products using a self-organizing mechatronic agent framework—A simulation study [J]. Computers in Industry, 2015, 68: 27-39.

[22] Andersen R E , Hansen E B , Cerny D , et al. Integration of a skill-based collaborative mobile robot in a smart cyber-physical environment[J]. Procedia Manufacturing, 2017, 11:114-123.

[23] 卢秉恒, 邵新宇, 张俊, 等. 离散型制造智能工厂发展战略[J]. 中国工程科学, 2018, 20(4):44-50.

[24] Gerbert P, Lorenz M, Rüßmann M, et al. Industry 4.0: The future of productivity and growth in manufacturing industries [EB/OL]. [2015-4-9]. https://www.bcg.com/en-us/publications/2015/engineered_products_project_business_industry_4_future_productivity_growth_manufac turing_industries.aspx.

[25] Carstensen J, Carstensen T, Pabst M, et al. Condition monitoring and cloud-based energy analysis for autonomous mobile manipulation—Smart factory concept with LUHbots [J]. Procedia Technology, 2016, 26: 560-569.

[26] Oztemel E, Gursev S. Literature review of Industry 4.0 and related technologies [J]. Journal of Intelligent Manufacturing, 2020, 31(1):127-182.

[27] Böckenkamp A, Weichert F, Stenzel J, et al. Towards Autonomously Navigating and Cooperating Vehicles in Cyber-Physical Production Systems[C]. International Conference on Machine Learning for Cyber Physical Systems, 2015.

[28] 姚锡凡, 黄宇, 黄岩松, 等. 自主智能制造：社会-信息-物理交互、参考体系架构与运作机制[J]. 计算机集成制造系统, 2022, 28(2): 325-338.

[29] 霍凤财, 迟金, 黄梓健, 等. 移动机器人路径规划算法综述[J]. 吉林大学学报(信息科学版), 2018, 36(6): 46-54.

[30] Jiang J J, Yao X F, Yang E F, et al. An improved adaptive genetic algorithm for mobile robot path planning analogous to the ordered clustered TSP [C]. IEEE Congress on Evolutionary Computation, 2020.

[31] 吴限. 移动机器人 TSP 路径规划的智能算法研究[D]. 哈尔滨: 哈尔滨工程大学, 2013.

[32] Zuo G Y, Zhang P, Qiao J F. Path planning algorithm based on sub-region for agricultural robot[C]. International Asia Conference on Informatics in Control, Automation, and Robotics, 2010.

[33] 程传奇, 郝向阳, 李建胜, 等. 融合改进 A*算法和动态窗口法的全局动态路径规划[J]. 西安交通大学学报, 2017, 51(11): 137-143.

[34] Zhang Y, Li L L, Lin H C, et al. Development of path planning approach using improved A-star algorithm in AGV system[J]. Journal of Internet Technology, 2019, 20(3): 915-924.

[35] 刘成菊, 韩俊强, 安康, 等. 基于改进 RRT 算法的 RoboCup 机器人动态路径规划[J]. 机器人, 2017, 39(1): 8-15.

[36] Yang X, Yang W, Zhang H J, et al. A new method for robot path planning based artificial potential field[C]. 2016 IEEE 11th Conference on Industrial Electronics and Applications (ICIEA), 2016.

[37] Holland J H. Adaptation in natural and artificial systems[M]. England: The MIT Press, 1992.

[38] Dorigo M, Maniezzo V, Colorni A. Ant system: optimization by a colony of cooperating agents[J]. IEEE Transactions on Systems Man, and Cybernetics, 1996, 26(1): 29-41.

[39] Poli R, Kennedy J, Blackwell T. Particle swarm optimization[J]. Swarm Intelligence, 2007, 1(1): 33-57.

[40] Kirkpatrick S, Gelatt C D, Vecchi M P. Optimization by simulated annealing[J]. Science, 1983, 220: 671-680.

[41] Han Z L, Wang D Q, Liu F, et al. Multi-AGV path planning with double-path constraints by using an improved genetic algorithm[J]. PloS One, 2017, 12(7): 1-16.

[42] 刘二辉, 姚锡凡. 基于改进遗传算法的自动导引小车路径规划及其实现平台[J]. 计算机集成制造系统, 2017, 23(3): 465-472.

[43] Cheng J T, Miao Z H, Li B, et al. An improved ACO algorithm for mobile robot path planning[C]. 2016 IEEE International Conference on Information and Automation (ICIA), 2016.

[44] 白建龙, 陈瀚宁, 胡亚宝, 等. 基于负反馈机制的蚁群算法及其在机器人路径规划中的应用[J]. 计算机集成制造系统, 2019, 25(7): 1767-1774.

[45] 杨超杰, 裴以建, 刘朋. 改进粒子群算法的三维空间路径规划研究[J]. 计算机工程与应用, 2019, 55(11): 117-122.

[46] Zhang J H, Zhang Y, Zhou Y. Path planning of mobile robot based on hybrid multi-objective bare bones particle swarm optimization with differential evolution[J]. IEEE Access, 2018, 6: 44542-44555.

[47] Hayat S, Kausar Z. Mobile robot path planning for circular shaped obstacles using simulated annealing[C]. International Conference on Control, Automation and Robotics, 2015.

[48] 刘全, 翟建伟, 章宗长, 等. 深度强化学习综述[J]. 计算机学报, 2018, 41(1): 3-29.

[49] 马磊, 张文旭, 戴朝华. 多机器人系统强化学习研究综述[J]. 西南交通大学学报, 2014, 49(6): 1032-1044.

[50] 张福海, 李宁, 袁儒鹏, 等. 基于强化学习的机器人路径规划算法[J]. 华中科技大学学报(自然科学版), 2018, 46(12): 70-75.

[51] Duguleana M, Mogan G. Neural networks based reinforcement learning for mobile robots obstacle avoidance[J]. Expert Systems with Applications, 2016, 62(15): 104-115.

[52] 王珂, 卜祥津, 李瑞峰, 等. 景深约束下的深度强化学习机器人路径规划[J]. 华中科技大学学报(自然科学版), 2018, 46(12): 82-87.

[53] Kamoshida R, Kazama Y. Acquisition of automated guided vehicle route planning policy using deep reinforcement learning[C]. 6th IEEE International Conference on Advanced Logistics and Transport, 2017.

[54] 王子意. 多 AGV 物料运输系统的路径规划与调度算法的研究[D]. 北京: 北京邮电大学, 2019.

[55] Espinouse M L, Pawlak G, Sterna M. Complexity of scheduling problem in single-machine flexible manufacturing system with cyclic transportation and unlimited buffers[J]. Journal of Optimization Theory and Applications, 2017, 173(3): 1042-1054.

[56] 徐立云, 陈延豪, 高翔宇, 等. 混流柔性加工单元自动导引小车的调度优化[J]. 同济大学学报(自然科学版), 2017, 45(12): 1839-1846+1858.

[57] 刘二辉, 姚锡凡, 陶韬, 等. 基于改进花授粉算法的共融 AGV 作业车间调度[J]. 计算机集成制造系统, 2019, 25(9): 2219-2236.

[58] 贺长征, 宋豫川, 雷琦, 等. 柔性作业车间多自动导引小车和机器的集成调度[J]. 中国机械工程, 2019, 30(4): 64-73.

[59] Tavakoli M M, Haleh H, Mohammadi M. A mathematical model for scheduling of production process and allocation of an automatic guided vehicle in a flexible manufacturing system[J]. International Journal of Engineering Systems Modelling and Simulation, 2018, 10(2): 125-131.

[60] Fontes D B M M, Homayouni M S. Joint production and transportation scheduling in flexible manufacturing systems[J]. Journal of Global Optimization, 2019, 74(4): 879-908.

[61] Arani S D, Mehrabad M S, Ghezavati V. An integrated model of cell formation and scheduling problem in a cellular manufacturing system considering automated guided vehicles' movements[J]. International Journal of Operational Research, 2019, 34(4): 542-561.

第 2 章 SLAM 技术

SLAM（Simultaneous Localization and Mapping，同时定位与建图）技术是一种机器人通过模仿人在未知环境中自主探索的技术，是实现机器人自主导航的关键。本章从 SLAM 的研究背景出发，阐述 SLAM 系统架构的组成，同时概述视觉 SLAM 技术在真实环境中面临的挑战。

2.1 SLAM 的研究背景

随着制造业不断走向智能化，工厂物流运输由原来的人工搬运过渡到人机协同的半自动化，并最终实现机器人的全自动化，机器人的自主导航是实现该目标的关键之一。在 1992 年，Leonard 和 Durrant-Whyte 就提出要实现机器人的自主导航需要机器人解决"我去哪里""我在哪里""我如何去那里"三个核心问题[1]，基于此，机器人的自主导航流程如图 2-1 所示，它主要包括目的地的设定、机器人的实时定位、路径规划、动态避障及驱动控制。而 SLAM 技术恰恰能解决前两个问题，即"我去哪里"（目的地的确定依赖于地图）和"我在哪里"，为后续的路径规划和动态避障提供了所需环境与技术保障。因此，SLAM 技术是机器人实现自主导航的前提，其被广泛应用于不同领域的各种环境，如工厂中的智能物流运输、空中的无人机、矿道环境勘探、行星中的勘测小车、废弃建筑中的人员营救及室内扫地机器人等。

人们最初研究 SLAM 技术的目的是，使机器人能够模仿人，以在未知环境中完成自主环境探索与自主运动规划等任务，但现实中的应用场景，如智能仓储中 AGV 的货物运输及室内扫地机器人的自主清洁，对地图构建与自主运动的协同性要求并没有那么高，因此在这类场景中，机器人往往是先构建好地图，再在已有地图的基础上完成对自身的实时定位与运动规划。不过机器人在完成地图构建的过程中，仍然需要自身定位信息的辅助，因为精准的全局地图需要机器人准确的位置信息，而机器人的准确定位又需要精准的地图，所以对 SLAM 技术的命名不管是站在地图构建的视角还是机器人整个自主环境探索过程的视角都十分恰当。SLAM 系统常用的传感器如图 2-2 所示。

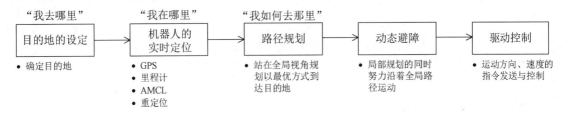

图 2-1　机器人的自主导航流程

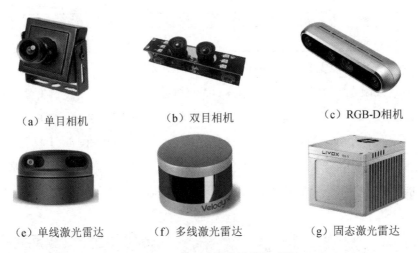

（a）单目相机　　　　　　　（b）双目相机　　　　　　（c）RGB-D相机

（e）单线激光雷达　　　　　（f）多线激光雷达　　　　　（g）固态激光雷达

图 2-2　SLAM 系统常用的传感器

　　SLAM 系统主要通过机器人身上搭载的传感器获取周围环境的信息，并通过相关算法进行实时的定位与地图构建。根据传感器类型的不同，当前流行的 SLAM 系统有视觉 SLAM 系统和激光 SLAM 系统，前者的传感器主要为单目、双目及 RGB-D 相机，后者的传感器主要为单线、多线及固态激光雷达。激光 SLAM 系统和视觉 SLAM 系统的对比如表 2-1 所示。对于激光 SLAM 系统来说，由于激光雷达可以直接获取带有深度的点云信息，因此在一定程度上可以降低计算量，且激光 SLAM 系统可以在黑暗的环境中运行，对环境的适应性较强，在早期计算机计算能力有限的背景下，激光 SLAM 系统发展迅速，也是目前主流的定位导航系统。但激光雷达价格昂贵，即便较便宜的单线激光雷达，价格也要近万元，而用于室外远距离探测的多线激光雷达价格高达数十万元，这也在一定程度上限制了激光 SLAM 系统在工业界的落地应用。相较于激光 SLAM 系统，视觉 SLAM 系统的优点在于传感器的价格低、信息丰富、能够构建稠密的地图，但缺点也较明显，它对环境的要求较高，在一些弱纹理、黑暗环境中往往不能正常运行，且由于处理的信息多，对算法的优化程度需求高，因此鲁棒性较前者低。

表 2-1　激光 SLAM 系统和视觉 SLAM 系统的对比

类型	激光 SLAM 系统	视觉 SLAM 系统
技术发展	研究时间长，技术框架成熟，是目前最稳定、最主流的定位导航系统之一	研究尚处于应用场景拓展、产品逐渐落地阶段，成熟的应用案例不多
使用环境	环境适应性较强，可用于室内或室外，对光照没什么要求	可用于室内或室外，对光照依赖程度高，在黑暗及弱纹理环境中往往不能正常运行
地图精度	地图精度高，不存在累计误差，能够直接用于定位导航	地图精度较低，存在一定累计误差，不能直接用于定位导航

激光 SLAM 系统和视觉 SLAM 系统建图对比如图 2-3 所示。图 2-3 展示了对于同一个模拟场景，利用单线激光雷达建图和利用 RGB-D 相机建图的区别。由图 2-3 可以发现，RGB-D 相机可以构建更加完整的、类似于人眼看到的稠密点云地图，这对后续机器人实现更高级的语义操作有很大的帮助，而单线激光雷达只能构建二维平面地图，对于机器人体型较小、运动空间大致为二维平面的场景可以基本实现自主导航，如扫地机器人、小型物流运输机器人等。若机器人的体型较大（需要考虑三维空间下的碰撞），则可能需要利用多线激光雷达来构建地图。

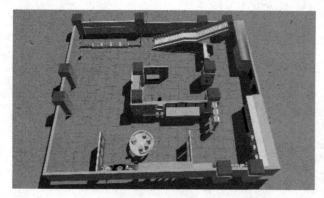
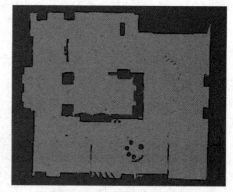

（a）模拟场景　　　　　　　　　　　　　　　（b）单线激光雷达建图

图 2-3　激光 SLAM 系统和视觉 SLAM 系统建图对比

（c）RGB-D 相机建图

图 2-3　激光 SLAM 系统和视觉 SLAM 系统建图对比（续）

2.2　视觉/激光 SLAM 的关键技术及应用

2.2.1　SLAM 系统架构的组成

早期的 SLAM 系统主要以滤波为主体，将数据关联和状态估计以概率的形式借助扩展卡尔曼滤波（Extended Kalman Filter，EKF）及粒子滤波等实现局部信息的融合。非线性优化的出现推动了 SLAM 系统由以滤波为主体向以非线性优化为主体的转变，也从最初的算法探索时期经过算法分析时期的过渡，来到了鲁棒感知时期[2]，其发展如图 2-4 所示。

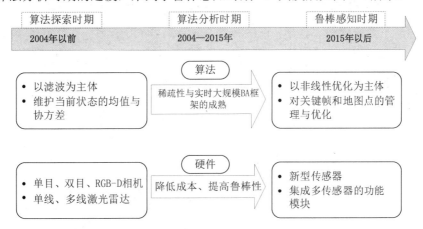

图 2-4　SLAM 系统的发展

如今主流的 SLAM 系统采用的是基于优化的方法，该方法利用光束平差（Bundle Adjustment，BA）将过去所有时刻的信息进行关联与优化。由于 BA 常以图的形式进行表示，因此基于优化的方法也被称为图优化方法。不管是激光 SLAM 系统还是视觉 SLAM 系统，系统框架都逐渐趋于成熟，它们从传感器数据获取到地图构建都经历了前端里程计、后端优化及回环检测。图 2-5 所示为经典的 SLAM 系统框架[3]。

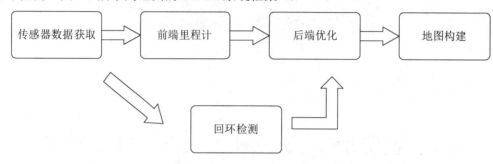

图 2-5　经典的 SLAM 系统框架

1）传感器数据获取的概述

根据传感器的不同，激光 SLAM 系统通过激光雷达获取包含带有深度的点云信息的三维坐标，而视觉 SLAM 系统则通过相机获取二维图像数据（RGB-D 相机还可以获取深度图像数据），这些坐标、数据通过去噪、特征提取等操作后会被传到前端里程计，用于机器人的初步定位。

2）前端里程计的概述

前端里程计主要通过相邻时刻获取的数据来估计机器人的运动，同时恢复局部场景的空间结构。一旦将各个相邻时刻的运动串联起来，就会构成机器人的运动轨迹，从而初步解决机器人的定位问题，同时可根据每个时刻机器人的位置，计算各三维点在世界坐标系中的位置，这样就得到了地图。

3）后端优化的概述

后端优化主要对多个时刻的机器人运动信息进行优化，以得到全局一致的运动轨迹和地图，同时解决 SLAM 过程中出现的噪声问题。现实中获取的传感器数据往往带有噪声，越便宜的传感器测量误差越大。因此，除优化机器人运动信息外，系统还需要知道它对位姿、三维点这些状态变量估计的不确定性有多大。

4）回环检测的概述

前端里程计估计的机器人每个时刻的运动都会存在一定误差，虽然后端优化可以在一定程度上减小运动估计误差带来的影响，但随着时间的推移，不可避免地会出现机器人轨迹漂移的情况。回环检测的主要任务是让机器人识别出其回到了曾经到过的位置，届时系统会将回环信息传递给后端进行优化，以消除累计误差。因此，回环检测的实质是一种数据相似性检测算法，系统正确识别出某些时刻的数据是相似数据是十分关键的。

5）地图构建的概述

地图能帮助人们获取更精确的机器人定位信息，也是后续机器人导航所必需的环境。常见的地图有二维栅格地图、二维拓扑地图、三维稀疏点云地图、三维稠密点云地图，如图 2-6 所示。其中，室内扫地机器人可以利用二维栅格地图进行自主导航运动；二维拓扑地图由节点和边组成，主要反映的是地图元素之间的关系，如接机点之间的连通性等，它去掉了一些地图的细节，是一种更为紧凑的地图；三维稀疏点云地图、三维稠密点云地图能够详细地反映真实环境的细节，适合室外的自动驾驶及虚拟现实（Virtual Reality，VR）、AR 中的重建与交互。

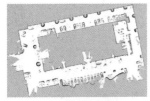 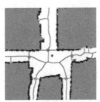  

（a）二维栅格地图　　　　（b）二维拓扑地图　　　　（c）三维稀疏点云地图　　　　（d）三维稠密点云地图

图 2-6　常见的地图形式

2.2.2　前端里程计

不管是激光 SLAM 系统还是视觉 SLAM 系统，前端里程计的任务都是数据的联合和信息的匹配，两者的不同之处在于，由于视觉 SLAM 系统存在图像数据，因此它有一个二维空间到三维空间的转变，而激光 SLAM 系统中采集的数据是带有深度的点云信息的三维坐标，所以位姿估计的过程要比视觉 SLAM 系统简单。整体来说，前端里程计包含二维-二维的对极约束、三维-二维的 PnP（Perspective-n-Point）求解及三维-三维的迭代最近点（Iterative Closest

Point，ICP）求解三种位姿求解方式，其中视觉 SLAM 系统可以用到这三种位姿求解方式，而激光 SLAM 系统一般只会用到三维-三维的 ICP 求解。下面首先介绍视觉 SLAM 系统中图像的特征提取与匹配，然后介绍这三种位姿求解方式。

1. 视觉 SLAM 系统中图像的特征提取与匹配

各种相机获取的数据是二维图像数据，虽然这些数据包含大量的普通像素点，但在进行位姿估计时并不需要用到全部的像素点，如果用到全部的像素点一方面会影响系统的计算效率，另一方面很多普通像素点在不同帧之间的匹配效果较差，会影响位姿估计的精度，所以需要对图像进行特征提取，提取区分度较高的像素点作为特征点进行后续的位姿估计。对图像进行特征提取需要选择适合 SLAM 的特征点类型。SIFT[4]特征点考虑了光照、尺度、旋转等变化，提取精度颇高，但其计算量极大，而普通计算机的计算能力有限，故其缺乏实时性。FAST[5]特征点没有考虑方向性及描述子，虽然其计算速度很快，但提取精度不够。ORB[6]特征点则取两者之长，通过适当降低提取精度来保证计算速度。因此，本节以 ORB 特征点为例说明图像的特征提取与匹配问题。

实际上 ORB 特征点是在 FAST 特征点的基础上改进而来的，FAST 特征点加上描述子就组成了 ORB 特征点。因此，提取 ORB 特征点的步骤为先提取 FAST 特征点，然后给提取的FAST 特征点加上 BRIEF[7]（Binary Robust Independent Elementary Features，二进制鲁棒独立基本特征）描述子。图 2-7 所示为 FAST 特征点。

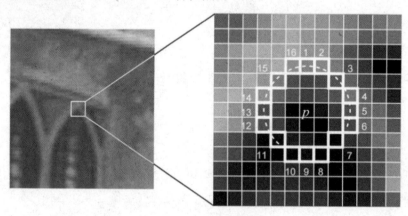

图 2-7　FAST 特征点

ORB 特征点的具体提取步骤如下。

（1）提取像素点 p ，其亮度为 B_p 。

（2）设置一个亮度阈值 T。

（3）以像素点 p 为中心，提取半径为 3 的圆上的 16 个像素点。

（4）指定提取数量 N，若提取像素点的圆上存在连续 N 个像素点的亮度大于 $B_p + T$ 或小于 $B_p - T$，则像素点 p 为 FAST 特征点，对 FAST 特征点计算角点响应值，取前 N 个角点响应值的 FAST 特征点作为最终的角点集合。

（5）循环（1）～（4）步，对图像上每个像素点都进行相同的操作。

（6）为得到的角点集合增加尺度和旋转的描述，以得到 Oriented FAST 特征点。

（7）对每个 Oriented FAST 特征点计算其 BRIEF 描述子，得到 ORB 特征点。

特征匹配是 SLAM 中的关键，解决了 SLAM 中的数据关联问题。而在特征匹配中最直观也最容易理解的是暴力匹配，它是指对相邻两帧图像中提取的特征点计算其描述子距离，排序，并取最近距离的特征点作为匹配点。当特征点数量较少时，暴力匹配还算有效。但在 SLAM 中，特征点往往数量很多，暴力匹配的计算复杂度会很高，不符合 SLAM 实时性的要求。而快速近似近邻（Fast Library for Approximate Nearest Neighbors，FLANN[8]）是一个完整的最近邻开源库，在解决大数量特征点的特征匹配时效果很好。

2．二维-二维的对极约束

在对图像进行特征提取与匹配后，就需要根据匹配好的像素点对来对相机的位姿进行估计。若二维像素坐标已知，则可以使用对极约束来计算相机位姿[3]。对极约束示意图如图 2-8 所示。

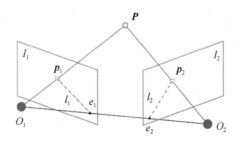

图 2-8　对极约束示意图

在图 2-8 中，I_1、I_2 分别为相邻两帧图像，对极约束问题就是利用二维像素坐标求取图像 I_1 变换到 I_2 时发生的旋转和平移。其中，旋转和平移分别用旋转矩阵 R 和平移向量 t 表示，O_1、O_2 为两个相机中心，p_1、p_2 为相邻两帧图像间已匹配的像素点对，O_1、O_2 及三维点 P

组成极平面，O_1、O_2 连线交两帧图像于极点 e_1、e_2，O_1O_2 为基线，l_1 与 l_2 为极线。以 I_1 的相机坐标系为基准（世界坐标系），设 P 的坐标为 $P = [X, Y, Z]^T$，K 为相机内参矩阵，则像素点 p_1、p_2 的位置可表示为

$$p_1 = KP, \quad p_2 = K(RP + t) \tag{2-1}$$

取两个像素点的归一化平面坐标 x_1、x_2 为

$$x_1 = K^{-1} p_1, \quad x_2 = K^{-1} p_2 \tag{2-2}$$

并将两个坐标代入式（2-1），可得

$$x_2 = Rx_1 + t \tag{2-3}$$

式（2-3）两边先同时左乘平移向量 t 的反对称矩阵 $t^{\wedge}$，再同时左乘 x_2 的转置 x_2^T，可得

$$t^{\wedge} x_2 = t^{\wedge} Rx_1 \tag{2-4}$$

$$x_2^T t^{\wedge} x_2 = x_2^T t^{\wedge} Rx_1 \tag{2-5}$$

$$x_2^T t^{\wedge} Rx_1 = 0 \tag{2-6}$$

重新代入 p_1、p_2 得到

$$p_2^T (K^{-1})^T t^{\wedge} R K^{-1} p_1 = 0 \tag{2-7}$$

其中，式（2-6）和式（2-7）都被称为对极约束，如果将中间部分记为两个矩阵，即基础矩阵（Fundamental Matrix）F 和本质矩阵（Essential Matrix）E，那么对极约束还可进一步化简为

$$E = t^{\wedge} R, \quad F = (K^{-1})^T E K^{-1}, \quad x_2^T E x_1 = p_2^T F p_1 = 0 \tag{2-8}$$

因为 x_1、x_2 为相机坐标系下的归一化平面坐标，而 p_1、p_2 为图像坐标系下的坐标，所以本质矩阵 E 为空间中的三维点在不同相机视角下的投影点在相机坐标系下的约束关系，基础矩阵 F 为空间中的三维点在不同相机视角下的投影点在图像坐标系下的约束关系。基础矩阵 F 比本质矩阵 E 多了相机内参矩阵 K 的信息，且自由度更高。在恢复 R、t 时使用本质矩阵 E 更加准确。

3. 三维-二维的 PnP 求解

当已知世界坐标系下的三维点坐标及对应的投影到图像中的二维图像坐标时，可以使用三维-二维的 PnP 求解来求解相机的位姿。因为在一个 SLAM 系统中，三维点和相机位姿是同

时进行优化求解的，在当前时刻，世界坐标系下的很多三维点往往已经由上一时刻计算得出，所以视觉 SLAM 系统中使用最多的位姿求解方式就是三维-二维的 PnP 求解。

三维-二维的 PnP 求解的求解方法有多种，如利用三对点估计位姿的 P3P 方法、直接线性变换的方法及基于非线性优化的 BA 方法。基于非线性优化的 BA 方法的本质是将三维-二维的 PnP 求解构建成一个定义于李代数上的非线性最小二乘问题。设有多个三维点 $\boldsymbol{P}$ 及其投影 $\boldsymbol{p}_i$，求解相机位姿的 $\boldsymbol{R}$ 和 $\boldsymbol{t}$，其李代数为 $\boldsymbol{\xi}$。空间某个三维点的坐标为 $\boldsymbol{P}_i = [X_i, Y_i, Z_i]^T$，其投影的像素坐标为 $\boldsymbol{p}_i = [u_i, v_i]^T$，$s_i$ 为像素点的距离，则两者的关系为

$$s_i \boldsymbol{p}_i = \boldsymbol{K} \exp(\boldsymbol{\xi}^\wedge) \boldsymbol{P}_i \tag{2-9}$$

由于相机位姿未知及观测过程中存在噪声导致式（2-9）存在误差，因此可将误差进行累计求和，构建最小二乘问题，通过不断迭代求解找到最佳的相机位姿和三维点，相应的目标函数为

$$\boldsymbol{P}_i^*, \boldsymbol{\xi}^* = \arg\min_{\boldsymbol{\xi}, \boldsymbol{P}_i} \frac{1}{2} \sum_{i=1}^n \left\| \boldsymbol{p}_i - \frac{1}{s_i} \boldsymbol{K} \exp(\boldsymbol{\xi}^\wedge) \boldsymbol{P}_i \right\|_2^2 \tag{2-10}$$

该目标函数可以通过高斯-牛顿反演、列文伯格-马夸尔特等优化算法进行求解，核心是推算误差关于每个优化变量的导数。此外，由于相机变换矩阵已经转换为李代数的表达方式，因此可以使用李代数的扰动模型对相机位姿进行求导，其过程如下。

将世界坐标系下的三维点 $\boldsymbol{P}$ 经过变换矩阵 $\boldsymbol{T}$ 变换到相机坐标系下的点 $\boldsymbol{P}'$，此时的相机投影模型为

$$\begin{bmatrix} su \\ sv \\ s \end{bmatrix} = \begin{bmatrix} f_x & 0 & c_x \\ 0 & f_y & c_y \\ 0 & 0 & 1 \end{bmatrix} \begin{bmatrix} X' \\ Y' \\ Z' \end{bmatrix} \tag{2-11}$$

对变换矩阵 $\boldsymbol{T}$ 左乘扰动量 $\delta\boldsymbol{\xi}$ 后，求解误差关于扰动量的导数，并利用链式法则有

$$\frac{\partial \boldsymbol{e}}{\partial \delta\boldsymbol{\xi}} = \lim_{\delta\boldsymbol{\xi} \to 0} \frac{\boldsymbol{e}(\delta\boldsymbol{\xi} \oplus \boldsymbol{\xi}) - \boldsymbol{e}(\boldsymbol{\xi})}{\delta\boldsymbol{\xi}} = \frac{\partial \boldsymbol{e}}{\partial \boldsymbol{P}'} \frac{\partial \boldsymbol{P}'}{\partial \delta\boldsymbol{\xi}} \tag{2-12}$$

其中

$$\frac{\partial \boldsymbol{e}}{\partial \boldsymbol{P}'} = -\begin{bmatrix} \frac{\partial u}{\partial X'} & \frac{\partial u}{\partial Y'} & \frac{\partial u}{\partial Z'} \\ \frac{\partial v}{\partial X'} & \frac{\partial v}{\partial Y'} & \frac{\partial v}{\partial Z'} \end{bmatrix} = -\begin{bmatrix} \frac{f_x}{Z'} & 0 & -\frac{f_x X'}{Z'^2} \\ 0 & \frac{f_y}{Z'} & -\frac{f_y Y'}{Z'^2} \end{bmatrix} \tag{2-13}$$

33

$$\frac{\partial \boldsymbol{P}'}{\partial \delta \boldsymbol{\xi}} = \left[\boldsymbol{I}, -\boldsymbol{P}'^{\wedge} \right] \tag{2-14}$$

则误差关于相机位姿李代数的导数为

$$\frac{\partial \boldsymbol{e}}{\partial \delta \boldsymbol{\xi}} = -\begin{bmatrix} \dfrac{f_x}{Z'} & 0 & -\dfrac{f_x X'}{Z'^2} & -\dfrac{f_x X'Y'}{Z'^2} & f_x + \dfrac{f_x X'^2}{Z'^2} & -\dfrac{f_x Y'}{Z'} \\ 0 & \dfrac{f_y}{Z'} & -\dfrac{f_y Y'}{Z'^2} & -f_y - \dfrac{f_y Y'^2}{Z'^2} & \dfrac{f_y X'Y'}{Z'^2} & \dfrac{f_y X'}{Z'} \end{bmatrix} \tag{2-15}$$

在得到误差关于相机位姿李代数的导数后，即可为相机位姿的非线性优化过程提供梯度方向，并取增量为反向的梯度，实现目标函数的下降，通过不断迭代，最终求得满足要求的相机位姿。

4. 三维-三维的 ICP 求解

当已有一组匹配好的三维点对 $\boldsymbol{P} = \{\boldsymbol{p}_1, \boldsymbol{p}_2, \cdots, \boldsymbol{p}_n\}$，$\boldsymbol{P}' = \{\boldsymbol{p}'_1, \boldsymbol{p}'_2, \cdots, \boldsymbol{p}'_n\}$ 时，可以直接利用相机位姿的 $\boldsymbol{R}$、$\boldsymbol{t}$，使 $\boldsymbol{P}'$ 中所有三维点经过旋转平移变换后得到对应的三维点，即满足

$$\forall i, \boldsymbol{p}_i = \boldsymbol{R}\boldsymbol{p}'_i + \boldsymbol{t} \tag{2-16}$$

由于三维-三维的 ICP 求解的求解过程没有涉及相机的内部参数，仅仅考虑了三维点之间的变换，因此它同样也适用于激光 SLAM 系统。三维-三维的 ICP 求解的求解方法有线性代数求解、非线性优化求解两种。奇异值分解（Singular Value Decomposition，SVD）是线性代数求解的代表，其本质是构建最小二乘问题。首先定义第 i 对点的误差，即

$$\boldsymbol{e}_i = \boldsymbol{p}_i - (\boldsymbol{R}\boldsymbol{p}'_i + \boldsymbol{t}) \tag{2-17}$$

构建最小二乘问题，找到相机位姿最佳的 $\boldsymbol{R}$、$\boldsymbol{t}$，即

$$\boldsymbol{R}^*, \boldsymbol{t}^* = \arg\min_{\boldsymbol{R}, \boldsymbol{t}} \frac{1}{2} \sum_{i=1}^{n} \left\| \boldsymbol{p}_i - (\boldsymbol{R}\boldsymbol{p}'_i + \boldsymbol{t}) \right\|^2 \tag{2-18}$$

而非线性优化求解则是以迭代的方式找寻相机位姿最佳的 $\boldsymbol{R}$、$\boldsymbol{t}$，求解方法与三维-二维的 PnP 求解类似，求解过程中用到的相关公式为

$$\boldsymbol{\xi}^* = \arg\min_{\boldsymbol{\xi}} \frac{1}{2} \sum_{i=1}^{n} \left\| (\boldsymbol{p}_i - \exp(\boldsymbol{\xi}^{\wedge})\boldsymbol{p}'_i) \right\|^2 \tag{2-19}$$

不断迭代找到误差最小值，进而找到相机位姿最佳的 $\boldsymbol{R}$、$\boldsymbol{t}$，并且学者们已经证明，在三维-三维的 ICP 求解中，在相机位姿存在唯一解的情况下，该唯一解即全局最优解。

2.2.3　后端优化与回环检测

后端优化与回环检测的最终目的一样，都是为了消除测量噪声及累计误差带来的影响，使估计的位姿和建图更加准确。回环检测服务于后端优化，当系统检测到图像间出现回环的情况时，其会根据回环间的信息并利用后端将位姿和三维点一起优化。常见的优化方式有 BA 与图优化及基于滑动窗口的滤波和优化。

1. BA 与图优化

在视觉 SLAM 系统中，不同时刻三维点能经过不同的 $\boldsymbol{R}$、$\boldsymbol{t}$ 投影到图像的像素坐标系中，该过程形成了观测方程，即

$$z = h(\boldsymbol{x}, y) \tag{2-20}$$

式中，$\boldsymbol{x}$ 为此时相机的位姿，观测数据则是像素坐标 $z = [u, v]$。以最小二乘的角度可得本次观测的误差为

$$e = z - h(\boldsymbol{T}, \boldsymbol{p}) \tag{2-21}$$

若对多个时刻的观测数据同时进行优化调整，则可设 $z_{i,j}$ 为在位姿为 $\boldsymbol{T}_i$ 时三维点 $\boldsymbol{p}_j$ 产生的观测数据，整体的代价函数为

$$\sum_{i=1}^{m} \sum_{j=1}^{n} \left\| e_{ij} \right\|^2 = \sum_{i=1}^{m} \sum_{j=1}^{n} \left\| z_{i,j} - h(\boldsymbol{T}_i, \boldsymbol{p}_j) \right\|^2 \tag{2-22}$$

在对多个时刻观测数据进行优化调整的过程中，可以将优化变量用 $\boldsymbol{x} = [\boldsymbol{T}_1, \boldsymbol{T}_2, \cdots, \boldsymbol{T}_m, \boldsymbol{p}_1, \boldsymbol{p}_2, \cdots, \boldsymbol{p}_n]$ 统一表示。利用非线性优化的思想求解该目标函数的关键是，不断寻找下降方向 $\Delta\boldsymbol{x}$ 来迭代求解形如式（2-23）的增量方程。

$$\boldsymbol{J}(\boldsymbol{x})\boldsymbol{J}^{\mathrm{T}}(\boldsymbol{x})\Delta x = -\boldsymbol{J}(\boldsymbol{x})f(\boldsymbol{x}) \tag{2-23}$$

式中，$f(\boldsymbol{x})$ 为目标函数；$\boldsymbol{J}(\boldsymbol{x})$ 为 $f(\boldsymbol{x})$ 关于 $\boldsymbol{x}$ 的导数。之所以利用非线性优化的思想求解 SLAM 问题，是因为学者们到了 21 世纪认识到 $\boldsymbol{J}(\boldsymbol{x})\boldsymbol{J}^{\mathrm{T}}(\boldsymbol{x})$ 构成的矩阵具有稀疏结构，当考虑整体代价函数当中的误差 e_{ij} 时，这个误差只描述了在 $\boldsymbol{T}_i$ 处看到 $\boldsymbol{p}_j$ 这件事，只涉及第 i 个相机位姿和第 j 个三维点，其余部分变量的导数都为 0。所以，该误差对应的雅可比矩阵有以下形式。

$$J_{ij}(x) = (O_{2\times6}, O_{2\times6}, \cdots, O_{2\times6}, \frac{\partial e_{ij}}{\partial T_i}, O_{2\times6}, O_{2\times6}, \cdots, O_{2\times6}, O_{2\times3}, O_{2\times3}, \cdots, O_{2\times3}, \frac{\partial e_{ij}}{\partial p_j}, O_{2\times3}, O_{2\times3}, \cdots, O_{2\times3})$$

（2-24）

式中，$O_{2\times6}$ 表示维度为 2×6 的零矩阵，$O_{2\times3}$ 同理。该误差对相机位姿偏导 $\partial e_{ij}/\partial T_i$ 的维度为 2×6，对三维点偏导 $\partial e_{ij}/\partial p_j$ 的维度为 2×3。这个误差的雅可比矩阵除这两处为非零向量之外，其余地方都为零向量，这体现了该误差与其他路标和轨迹无关的特性。雅可比矩阵自身及其转置组成的矩阵具有的稀疏结构更加明显。求解具有稀疏结构的矩阵通常使用舒尔补消元法，本节不再具体展开。

2. 基于滑动窗口的滤波和优化

随着人们将 SLAM 系统不断往新环境探索，新的位姿及观察到的新的环境特征不断出现，最小二乘的误差越来越大，信息矩阵也越来越大，计算量不断增加。为了保持优化变量的个数在一定范围内，人们往往使用滑动窗口算法动态增加或移除优化变量。所以，基于滑动窗口的优化算法的优化过程是：首先将新的变量添加进最小二乘系统中进行优化，若变量个数达到一定的维度，则移除旧的变量；然后 SLAM 系统会不断地循环前两个流程，直至系统完成工作。

但如何将新的变量添加进最小二乘系统，如何将旧的变量从原系统中移除是人们需要考虑的问题。若直接丢弃旧的变量和对应的观测数据，则会损失前一时刻的信息，这相当于在后续的优化过程中不考虑之前的优化结果，不符合全局优化的思想，正确的做法是使用边缘概率，将移除的旧的变量携带的信息传递给剩余变量（涉及最小二乘问题中信息矩阵传递的求解）。下面以一个特殊的例子来展示在基于滑动窗口的优化算法的优化过程中，旧的变量移除后其携带的信息是如何传递给剩余变量的。

假设已知某时刻 SLAM 系统中相机位姿和三维点的观测关系，其示意图如图 2-9 所示。图 2-9 中五角星和圆圈表示需要优化估计的三维点和位姿，每条边表示三维点和位姿点之间构建的误差关系。当三维点 L 在世界坐标系下时，第 k 个三维点被第 i 时刻相机位姿的机器人观测到，对应的误差为 $r(\xi_i, L_k)$。

图 2-9 中图模型对应的最小二乘问题为

$$\xi, L = \underset{\xi, L}{\arg\min} \frac{1}{2} \sum_i \left\| r_{i,k} \right\|^2$$

（2-25）

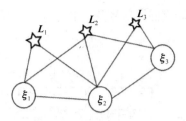

图 2-9　SLAM 系统中相机位姿和三维点的观测关系示意图

SLAM 系统共有六个待优化的变量（顶点数）和九个误差（边），其中变量和误差分别为

$$
\rho = \begin{bmatrix} \boldsymbol{\xi}_1 \\ \boldsymbol{\xi}_2 \\ \boldsymbol{\xi}_3 \\ \boldsymbol{L}_1 \\ \boldsymbol{L}_2 \\ \boldsymbol{L}_3 \end{bmatrix}, \quad
\boldsymbol{r} = \begin{bmatrix} \boldsymbol{r}(\boldsymbol{\xi}_1, \boldsymbol{\xi}_2) \\ \boldsymbol{r}(\boldsymbol{\xi}_2, \boldsymbol{\xi}_3) \\ \boldsymbol{r}(\boldsymbol{\xi}_1, \boldsymbol{L}_1) \\ \boldsymbol{r}(\boldsymbol{\xi}_1, \boldsymbol{L}_2) \\ \boldsymbol{r}(\boldsymbol{\xi}_2, \boldsymbol{L}_1) \\ \boldsymbol{r}(\boldsymbol{\xi}_2, \boldsymbol{L}_2) \\ \boldsymbol{r}(\boldsymbol{\xi}_2, \boldsymbol{L}_3) \\ \boldsymbol{r}(\boldsymbol{\xi}_3, \boldsymbol{L}_2) \\ \boldsymbol{r}(\boldsymbol{\xi}_3, \boldsymbol{L}_3) \end{bmatrix}
\tag{2-26}
$$

则信息矩阵 $\boldsymbol{\Lambda} = \sum \boldsymbol{\Lambda}_i = \sum \boldsymbol{J}_i^{\mathrm{T}} \boldsymbol{\Sigma}_i^{-1} \boldsymbol{J}_i$，其中 $\boldsymbol{J}_i$ 为第 i 个误差对应的雅可比矩阵，$\boldsymbol{\Sigma}_i^{-1}$ 为第 i 个误差对应的协方差矩阵。以 $\boldsymbol{\Lambda}_1$ 为例，有

$$
\boldsymbol{J}_1 = \begin{bmatrix} \dfrac{\partial \boldsymbol{r}(\boldsymbol{\xi}_1, \boldsymbol{\xi}_2)}{\partial \boldsymbol{\xi}_1} & \dfrac{\partial \boldsymbol{r}(\boldsymbol{\xi}_1, \boldsymbol{\xi}_2)}{\partial \boldsymbol{\xi}_2} & 0 & 0 & 0 & 0 \end{bmatrix}
\tag{2-27}
$$

$$
\boldsymbol{\Lambda}_1 = \boldsymbol{J}^{\mathrm{T}} \boldsymbol{\Sigma}_1^{-1} \boldsymbol{J} =
\begin{bmatrix}
\left(\dfrac{\partial \boldsymbol{r}(\boldsymbol{\xi}_1, \boldsymbol{\xi}_2)}{\partial \boldsymbol{\xi}_1} \right)^{\mathrm{T}} \boldsymbol{\Sigma}_1^{-1} \dfrac{\partial \boldsymbol{r}(\boldsymbol{\xi}_1, \boldsymbol{\xi}_2)}{\partial \boldsymbol{\xi}_1} & \left(\dfrac{\partial \boldsymbol{r}(\boldsymbol{\xi}_1, \boldsymbol{\xi}_2)}{\partial \boldsymbol{\xi}_1} \right)^{\mathrm{T}} \boldsymbol{\Sigma}_1^{-1} \dfrac{\partial \boldsymbol{r}(\boldsymbol{\xi}_1, \boldsymbol{\xi}_2)}{\partial \boldsymbol{\xi}_2} & 0 & 0 & 0 & 0 \\
\left(\dfrac{\partial \boldsymbol{r}(\boldsymbol{\xi}_1, \boldsymbol{\xi}_2)}{\partial \boldsymbol{\xi}_2} \right)^{\mathrm{T}} \boldsymbol{\Sigma}_1^{-1} \dfrac{\partial \boldsymbol{r}(\boldsymbol{\xi}_1, \boldsymbol{\xi}_2)}{\partial \boldsymbol{\xi}_1} & \left(\dfrac{\partial \boldsymbol{r}(\boldsymbol{\xi}_1, \boldsymbol{\xi}_2)}{\partial \boldsymbol{\xi}_2} \right)^{\mathrm{T}} \boldsymbol{\Sigma}_1^{-1} \dfrac{\partial \boldsymbol{r}(\boldsymbol{\xi}_1, \boldsymbol{\xi}_2)}{\partial \boldsymbol{\xi}_2} & 0 & 0 & 0 & 0 \\
0 & 0 & 0 & 0 & 0 & 0 \\
0 & 0 & 0 & 0 & 0 & 0 \\
0 & 0 & 0 & 0 & 0 & 0 \\
0 & 0 & 0 & 0 & 0 & 0
\end{bmatrix}
$$

$$
\tag{2-28}
$$

其他的信息矩阵同理可得。为了更好地可视化，将信息矩阵中不为零的区域予以着色，且假设每个非零区域的着色都一样，以方便后续的叠加。各信息矩阵的示意图如图 2-10 所示。

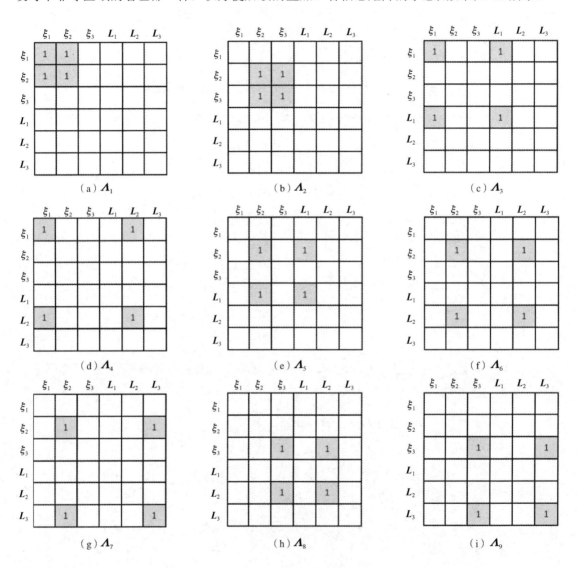

图 2-10　各信息矩阵的示意图

将九个信息矩阵进行叠加后即可得到最终的表示目标函数的信息矩阵，其示意图如图 2-11 所示。

$$\Lambda = \sum_{i=1}^{9} \Lambda_i =$$

	ξ_1	ξ_2	ξ_3	L_1	L_2	L_3
ξ_1	3	1		1	1	
ξ_2	1	5	1	1	1	1
ξ_3		1	3		1	1
L_1	1	1		2		
L_2	1	1	1		3	
L_3		1	1			2

图 2-11　信息矩阵的示意图

当信息矩阵执行分块化操作后,可利用舒尔补消元法及边缘概率性质将优化变量 ξ_1 移除。移除后的信息矩阵可由下式得到。

$$\Lambda' = \Lambda_{\alpha\alpha} - \Lambda_{\alpha\beta}\Lambda_{\beta\beta}^{-1}\Lambda_{\beta\alpha} \tag{2-29}$$

信息矩阵的生成过程如图 2-12 所示。

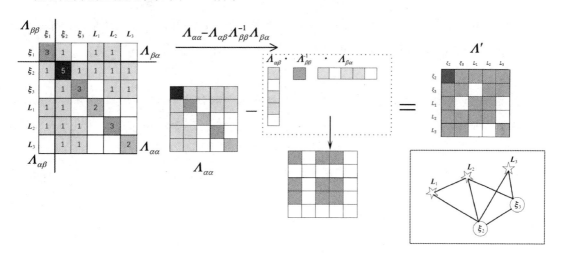

图 2-12　信息矩阵的生成过程

由图 2-12 可以看出,信息矩阵执行分块化操作后,可能会变得稠密,若将信息矩阵重新恢复为图结构,则原来独立的优化变量可能会产生联系。例如,原本三维点 L_1 和三维点 L_2 之间并没有联系,但是移除位姿 ξ_1 后,三维点 L_1 与三维点 L_2 之间有了新的边,证明移除位姿 ξ_1 的同时还保留了之前的一些信息,这些信息在后续的优化过程中同样会被考虑。

3. 回环检测

回环检测在本质上是场景识别问题，人们一般是使用基于外观的回环检测算法，其核心问题是计算图像间的相似度。若当前图像和之前图像的相似度高于某个值，则认为图像间发生了回环。词袋模型常用于回环检测，其思想是将图像中的几种特征组成向量，这些向量用于描述该图像并计算图像间的相似度。

（1）词袋模型。

如何表征两张图像间的相似度？一种方法是使两张图像的像素灰度值相减。这样做的好处是非常简单快捷，但是由于像素灰度值受光照影响很大，得到的结果不稳定，因此该方法不适合进行相似度的计算。还有一种方法类似于视觉里程计，即对每张图像进行特征匹配，只要匹配的数量大于某个合适的预设值，就判断图像间发生了回环，这样做的好处是可以沿用 VO 特征匹配的各种方法，但是特征匹配耗时且受光照影响不稳定。词袋模型常用于传统回环检测算法，通过选取一张图像中的某几种特征来描述该图像。例如，一张图像中有一幢楼、一个人、一辆车；另一张图像有两辆车、一只猫、一个人。人、猫、车等是词袋模型中的单词，单词组成字典，用单词描述图像，将图像用一个向量来描述，并针对描述向量设计一个相似度计算准则，计算图像间的相似度进而判断图像间是否发生回环。

（2）字典。

字典由单词组成，单词由某一种或几种特征组成。因此，生成一个字典是聚类问题。k-means[9] 算法解决聚类问题非常有效。将 N 个数据分成 k 类，步骤如下：随机选取 k 个中心点；计算每个数据与中心点的距离，数据与哪个中心点距离最短，则将该数据归为该中心点所在类；计算每个有变化的类中的类中心点，若每个有变化的类中的类中心点变化不大，则 k-means 算法收敛。字典生成之后需要考虑的是，有了特征点如何找到其与字典中对应的单词，此时字典的结构就变得十分关键，这关系到查找的效率。文献[10]提出了一种高效查找 k 叉树字典的方法，如图 2-13 所示，该字典有 k 个分支，深度为 d，容量为 k^d 个单词。

（3）回环检测的步骤。

① 定义词袋模型中的单词（图像特征），将单词组合存储为字典。

② 在字典中查找图像拥有的特征，即将图像用一个向量来描述。

③ 计算图像间的相似度。

④ 判断图像间是否发生回环。

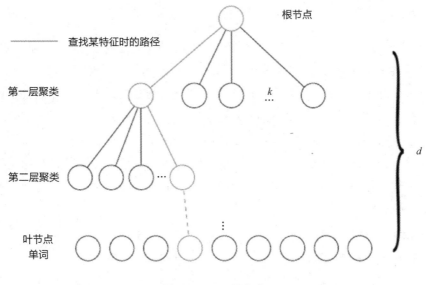

图 2-13　k 叉树字典

2.2.4　SLAM 系统模拟仿真

1. ROS

ROS 源于斯坦福大学人工智能机器人和 Personal Robotics（PR）项目，后来该项目由 Willow Garage 公司发展，目前由 OSRF（Open Source Robotics Foundation）公司维护。ROS 可对机器人的下层硬件进行封装，使下层不同的硬件以相同的方式表示，方便上层应用程序调用。

在 ROS 中，应用程序用一种节点的概念表示，不同的节点之间可以通过预先定义格式的消息（Topic）、服务（Service）、动作（Action）来进行通信连接。不同通信预先定义格式的优缺点如表 2-2 所示。这三种通信预先定义格式具有模块化的特点，开发者更换或开发系统内的某些模块非常方便，开发者也可以自己编写节点用于替换 ROS 中的模块。

表 2-2　不同通信预先定义格式的优缺点

类型	优点	缺点
消息	使用一对多的模式传输数据流（如传感器信息）	数据容易丢失且数据太多，可能使系统过载
服务	能够知道是否调用成功；服务执行结束会有反馈	服务执行完成前，系统阻塞；建立通信耗时
动作	可监控长时间执行的进程；有握手信号	通信模式较复杂

2．Gazebo

Gazebo 是一款三维动态仿真软件，可在复杂的室内外环境中准确有效地模拟机器人。与游戏引擎能提供高保真度的视觉模拟类似，Gazebo 也能提供高保真度的物理模拟，同时它还能提供一整套传感器模型及对用户和应用程序非常友好的交互方式。Gazebo 最初由南加州大学 Andrew Howard 和他的学生 Nate Koenig 在 2002 年开发。高级研究工程师 John Hsu 将 ROS 和 PR2 整合到 Gazebo 中。整合之后的 Gazebo 成为 ROS 的主要工具之一。Gazebo 一般用于测试机器人算法、设计机器人及用实际场景进行回归测试，它的主要特征包括支持多个物理引擎，具有丰富的机器人模型和环境库、各种各样的传感器、简单的图形界面，程序设计方便，其图形界面如图 2-14（a）所示。

在 Gazebo 的图形界面中，右侧有三维坐标和地面方格的部分是场景，它是模拟器的主要部分，可以将各种仿真模型放入其中，并可以对模型参数进行编辑；左侧有 World、Insert、Layers 选项，World 用于显示当前场景中的模型，可对模型参数进行编辑，Insert 用于向场景中插入仿真模型，Gazebo 本身提供了很多模型，用户也可以将自己创建的模型放入场景中，Layers 用于组织和显示场景中的模型，打开或关闭图层将显示或隐藏该图层中的模型。在 Gazebo 图形界面按快捷键 Ctrl+B 可进入 Building Editor 功能区，用户可在该区域创建模型。创建模型界面如图 2-14（b）所示。该界面主要由左侧的工具栏、右侧上方的二维视图及右侧下方的三维视图组成。其中，工具栏用于选择 Wall（墙）、Window（窗）、Door（门）等建筑物及其各自的颜色和材料；二维视图用于导入墙、窗、门等建筑物，它们以二维平面的方式显示；三维视图用于对二维视图中导入的建筑物进行实时预览，还可以设计建筑物不同部分的颜色和纹理。

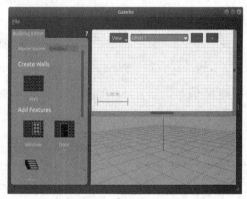

（a）图形界面 （b）创建模型界面

图 2-14 Gazebo 的界面

3. SLAM 系统仿真

Gazebo 被整合到 ROS 中，成为 ROS 中重要的仿真工具，同时它可基于 ROS 在搭建的环境中运行 SLAM 算法，一方面可以为后续机器人路径规划提供可导航使用的地图，另一方面可以在机器人运动过程中实现重定位的功能，以帮助机器人准确确定当前时刻自身的位置信息。因此，为了实现环境的全局路径规划仿真实验，人们使用 Gazebo 构建虚拟环境。虚拟环境构建过程包括以下步骤：构建虚拟环境模型；添加工位；加载小车模型；使用相关 SLAM 算法完成建图与定位工作。

在选择 SLAM 系统时，用户可以使用自己研究的 SLAM 系统，也可以使用 ROS 中自带的成熟的 SLAM 系统，如 Gmapping、Hector 及 RTAB-SLAM。其中，Gmapping 和 Hector 是较为成熟的激光 SLAM 系统，而 RTAB-SLAM 既可以使用激光雷达，也可以使用深度相机或双目相机。最终构建的地图包括二维占据栅格地图、稠密点云地图及三维占据栅格地图（OctoMap）。

虚拟环境中 SLAM 系统仿真如图 2-15 所示。实验模仿搭建工厂中的虚拟环境，在工厂的虚拟环境中，为了方便管理，工位位置一般都是按一定规则确定的。为了便于实验研究验证，添加的工位都"横平竖直"的整齐排列，图 2-15 中的小方块表示工厂中的每个工位，共有 15 个工位，每个工位水平方向和垂直方向的间隔为 2m，可使用 RTAB-SLAM 对虚拟环境进行探索。

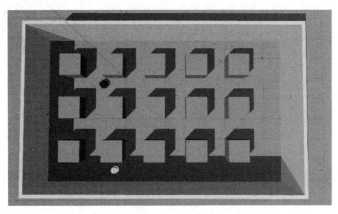

（a）工厂中的虚拟环境

图 2-15　虚拟环境中 SLAM 系统仿真

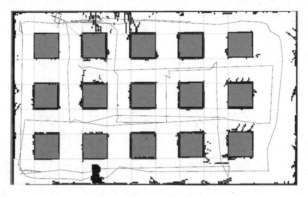

（b）二维占据栅格地图

（c）三维占据栅格地图

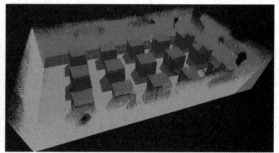

（d）三维稠密点云地图

图 2-15　虚拟环境中 SLAM 系统仿真（续）

从图 2-15 中可以看出，二维栅格地图可以很好地绘制虚拟环境中可供机器人移动的区域；三维栅格地图可以从空间的角度，真实描绘虚拟环境中的元素在三维空间中的占据情况；三维稠密点云地图能还原更加真实的环境场景，这为后续机器人使用语义级别操作打下了基础。此外，在构建地图的同时，机器人自身的移动轨迹也可从图 2-15（b）中的线条体现出来，这些移动轨迹可以帮助系统构建更加精确的地图，也可以将其作为重定位的模块，在机器人路径规划及自主导航运动过程中提供实时定位的功能。

2.3　真实环境中视觉 SLAM 技术面临的挑战

真实环境中视觉 SLAM 技术面临的挑战如表 2-3 所示。

表 2-3　真实环境中视觉 SLAM 技术面临的挑战

挑战	描述
静态环境假设	现有的视觉 SLAM 系统框架都是在场景静止的前提下进行设计的（只有相机在运动），而在真实环境中不可避免地会有动态物体，这会对系统造成致命伤害
相机平滑运动假设	相机平稳运动可以使系统较好地完成追踪与建图，但真实环境中相机的微小抖动或快速旋转都会使采集的图像变得模糊，导致无法进行较好的图像处理，致使系统在定位过程中追踪失败
显著特征外观假设与视觉重复	在真实环境中采集的图像有可能缺乏纹理，显著特征无法很好地被提取；此外，真实环境中的视觉重复给回环检测与大规模定位带来了困难
光照强度和气候变化	这是真实环境中不可避免的问题，该问题会使视觉 SLAM 系统难以运行

经过多年的发展，虽然视觉 SLAM 技术的理论趋向成熟，系统框架也越来越完善，但其面对人们生活的真实环境，依旧面临不少挑战，如应对真实环境下系统在定位过程中追踪失败、相机在不平滑路面运动时因微小抖动或快速旋转产生的运动模糊及光照强度变化和视觉重复给回环检测与大规模定位带来的困难等，具体描述如表 2-3 所示。视觉 SLAM 技术面临的挑战是制约其走向实际应用的一大难题。因此，在鲁棒感知时期，人们应更多关注如何提高视觉 SLAM 技术在真实环境中的稳定性、精准性和效率。针对上述挑战，现在主流的解决方案主要有利用点线特征的融合解决弱纹理环境中特征的匮乏问题；使用深度学习算法解决动态环境中相机位姿估计不准确的问题，同时也可以利用深度学习网络替换经典 SLAM 系统框架中的部分环节，以使系统更加鲁棒；利用多传感的融合技术，解决单一传感器稳定性差、定位精度低的问题，如相机与激光雷达的融合及相机与惯性测量单元的融合。

2.3.1　弱纹理环境中点线特征融合的 SLAM 系统

传统的视觉 SLAM 系统大多通过提取环境中的点特征来完成定位与建图工作，这需要环境中有充足的纹理信息来保证系统的稳定性，一旦视觉 SLAM 系统处于弱纹理环境中，特别是人造结构化环境中，点特征往往并不丰富（如空旷的走廊），除此之外，光照强度的变化也会影响点特征的提取，因此如果系统仅仅提取点特征，很有可能会出现系统在定位过程中追踪失败的情况。在真实环境中有大量的线特征可以提取，这些线特征在图像中有明显的梯度变化，能够反映真实环境的特点。将点特征和线特征结合起来使用，能够极大地丰富环境信息。点线特征的提取结果如图 2-16 所示。从图 2-16 中可以看出，系统仅仅提取环境中稀疏的点特征往往不能充分表达环境信息，而提取点特征与线特征后，明显提高了对环境信息的表达能力。

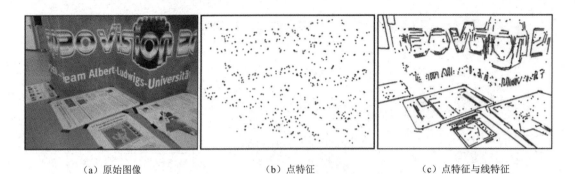

（a）原始图像   （b）点特征   （c）点特征与线特征

图 2-16   点线特征的提取结果[11]

线特征的使用还能够有效应对光照强度变化剧烈时，因点特征提取数目骤减导致系统在定位过程中追踪失败的情况。光照强度变化时点特征与线特征的提取如图 2-17 所示。由图 2-17 可知，在正常光照强度下，系统可以充分提取点特征与线特征，当光照强度突然变弱，环境变暗时，点特征的提取数目会急剧减少，这对帧间的信息匹配与信息联合是不利的，而反观线特征，却能在光照强度变化时保留更多的特征。

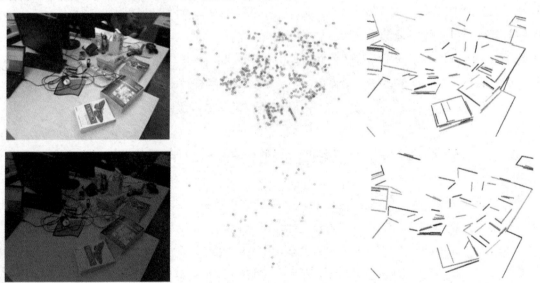

图 2-17   光照强度变化时点特征与线特征的提取

1．LSD 算法

线段检测算法也称直线边缘检测算法。常用的线段检测算法有 FLD（Fast Line Detection，快速线检测）算法、LSD[12]（Line Segment Detection，线段检测）算法与 CannyLines 直线检测算法。在 SLAM 系统中常用的线段检测算法是 LSD 算法，该算法的核心是合并梯度方向相近的像素点，并在 level-line 场和线段支持域中完成对线特征的提取，如图 2-18 所示。

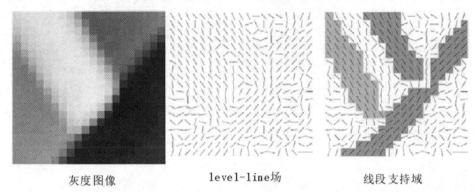

灰度图像　　　　　level-line场　　　　　线段支持域

图 2-18　LSD 算法

LSD 算法会先对灰度图像进行高斯降采样，并计算每个像素点的梯度方向及梯度值，建立 level-line 场；然后对 level-line 场内像素点的梯度值进行排序，并将排序靠前的像素点作为种子像素，采用区域生长算法将梯度方向在阈值角度 τ 内的像素点合并，以构建线段支持域及线段支持域的最小外接矩形，并使矩形边缘包围线段支持域；最后计算矩形内像素点的 level-line 方向与矩形主方向的夹角，当夹角小于阈值角度 τ 时，该像素点为内点，而当内点数目大于一定阈值时，则认为该矩形是一个线特征。

2．LBD 描述子

LBD[13]描述子是一种高效的线特征描述子，用来描述二维线特征的局部外观及线特征匹配。与均值-标准差直线描述子相比，LBD 描述子加入了局部高斯权重系数和全局高斯权重系数，具有更强的鲁棒性和更快的计算速度。

对于图像中的某条线段，该线段的线段支持域如图 2-19 所示。线段支持域由一系列相互平行的条带组成，设条带的数目为 m，宽度为 w，长度为线段的长度。为了使该线段 LBD 描述子具有旋转不变性，该描述子中引入了 d_L 和 $d_\perp$ 方向来形成局部坐标系。其中，d_L 为线段的方向，$d_\perp$ 为 d_L 的顺时针垂直方向。同时，为了降低距离中心条带较远 LBD 描述子的影响和条带间的边界效应，引入了全局高斯权重系数 f_g 和局部高斯权重系数 f_l。线段的 LBD 描述子由每个条带 B_j 的特征向量 $\mathbf{BD}_j$ 组成，相应公式如下。

$$\mathbf{LBD} = (\mathbf{BD}_1^\mathrm{T}, \mathbf{BD}_2^\mathrm{T}, \cdots, \mathbf{BD}_m^\mathrm{T})^\mathrm{T} \tag{2-30}$$

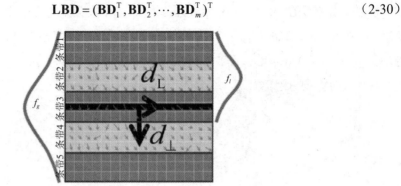

图 2-19　图像中某条线段的线段支持域

利用式（2-31）计算条带 B_j 第 k 行与条带 B_{j-1}、B_{j+1} 每一行中 4 个方向上像素点的累积梯度，其中 g 为图像坐标系中的像素点梯度，g' 为局部坐标系中的像素点梯度，g'_{d_L}、$g'_{d_\perp}$ 分别为局部坐标系中像素点在直线方向及直线正交方向上的梯度。

$$v_{1j}^k = \lambda \sum_{g'_{d_\perp} > 0} g'_{d_\perp}, \quad v_{2j}^k = \lambda \sum_{g'_{d_\perp} < 0} -g'_{d_\perp}$$

$$v_{3j}^k = \lambda \sum_{g'_{d_\mathrm{L}} > 0} g'_{d_\mathrm{L}}, \quad v_{4j}^k = \lambda \sum_{g'_{d_\mathrm{L}} < 0} -g'_{d_\mathrm{L}} \tag{2-31}$$

式中，$\lambda = f_g(k) f_l(k)$ 为高斯权重系数，条带 B_j 每一行的累积梯度构成该条带的描述矩阵 $\mathbf{BDM}_j$，相应公式如下所示。

$$\mathbf{BDM}_j = \begin{bmatrix} v_{1j}^1 & v_{1j}^2 & \dots & v_{1j}^n \\ v_{2j}^1 & v_{2j}^2 & \dots & v_{2j}^n \\ v_{3j}^1 & v_{3j}^2 & \dots & v_{3j}^n \\ v_{4j}^1 & v_{4j}^2 & \dots & v_{4j}^n \end{bmatrix} \in \mathbf{R}^{4 \times n} \tag{2-32}$$

式中，n 为计算条带描述子所需的行数，由于中间的条带有 2 个相邻的条带，但是两侧的条带仅有 1 个相邻的条带，因此有

$$n = \begin{cases} 2w, & j = 1 \parallel m \\ 3w, & \text{else} \end{cases} \tag{2-33}$$

计算条带的描述矩阵 $\mathbf{BDM}_j$ 的均值向量 M_j 和标准差向量 S_j，线段的 LBD 描述子由每个条带的描述子组成，即

$$\mathbf{LBD} = (M_1^\mathrm{T}, S_1^\mathrm{T}, M_2^\mathrm{T}, S_2^\mathrm{T}, \cdots, M_m^\mathrm{T}, S_m^\mathrm{T})^\mathrm{T} \in \mathbf{R}^{8m} \tag{2-34}$$

在实验中，当条带的数目 m=9，条带的宽度 w=9 时，可达到不错的效果。LBD 描述子是一个 128 维的浮点型向量，通过比较浮点型向量中元素的大小关系，将其转变为 128 维的二进制描述子。在工厂环境中，人们可利用 LSD 描述子提取线特征，如图 2-20 所示，耗时为 22.62ms，基本满足实时性要求[14]。

图 2-20　工厂环境中利用 LSD 描述子提取线特征

2.3.2　动态环境中的视觉 SLAM 系统

在基于优化的视觉 SLAM 系统中，以特征点法为例，经过特征匹配后的两帧图像，一般利用基于非线性优化的 BA 方法对相机的六自由度位姿和空间中的三维点进行同时优化，目标函数如下。

$$(\boldsymbol{T}, \boldsymbol{p})^* = \underset{\boldsymbol{T}, \boldsymbol{p}}{\operatorname{argmin}} \sum_{i=1}^{m} \sum_{j=1}^{n} \left\| \boldsymbol{z}_{i,j} - h(\boldsymbol{T}_{i,i-1}, \boldsymbol{p}_j) \right\|^2 \tag{2-35}$$

式中，$\boldsymbol{z}_{i,j}$ 为三维点 $\boldsymbol{p}_j$ 在第 i 帧图像中产生的观测数据，即图像中特征点的像素坐标，该坐标一般由特征提取与匹配获取；$h(\bullet)$ 为一个映射函数，反映的是经过变换矩阵 $\boldsymbol{T}_{i,i-1}$ 变换后，三维点 $\boldsymbol{p}_j$ 在第 i 帧图像中的预测值，总的来说就是寻找一个最佳的变换矩阵 $\boldsymbol{T}_{i,i-1}$ 使像素之间的重投影误差达到最小值。基于非线性优化的 BA 方法的成功优化是建立在所匹配的特征点属于静止目标基础上的，然而真实环境中经常会存在运动目标，如室内的人或街道上的车辆，一旦运动目标在图像中占据一定的区域，会使目标函数沿着一个错误的方向进行优化，从而导致机器人的运动轨迹与地图的构建出现严重偏差。为了更形象地反映问题所在，可将以上问题转变为图优化模型及三维点的投影来表示，如图 2-21 所示。

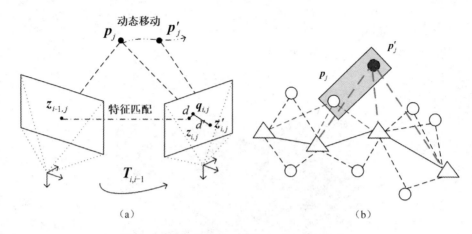

（a）　　　　　　　　　　　（b）

图 2-21　动态环境下的投影及图优化模型

在图 2-21（a）中，$z_{i-1,j}$ 为前一帧图像中的特征点的像素坐标。经过特征匹配后，特征点到了当前帧图像中 $z_{i,j}$ 的位置，同时，通过基于非线性优化的 BA 方法的优化，可得 $z_{i,j}$ 对应的预测值为 $q_{i,j}$，两者之间会产生一定的偏差 d，因此需要通过不断地优化变换矩阵 $T_{i,i-1}$ 来减小 d。假设 p_j 是一个运动目标，在其运动到 p'_j 的位置后，在当前帧图像中与其匹配特征点的像素坐标变为了 $z'_{i,j}$，若按照静态点计算得到的变换矩阵 $T_{i,i-1}$ 来预测 $z_{i,j}$，对应的预测值同样为 $q_{i,j}$，这就使得其与相应特征点对应的像素坐标 $z'_{i,j}$ 之间的偏差变大，因此优化过程会继续沿着使偏差变小的方向进行，导致最终得到的变换矩阵 $T_{i,i-1}$ 并不是最优解。不仅如此，如果将优化过程转变为图优化模型，如图 2-21（b）所示（其中三角形表示相机位姿，圆形表示空间中的三维点，实线表示相机位姿之间的约束，虚线表示三维点与相机之间的观测约束），在 p_j 移动到 p'_j 后，相机与三维点原本的约束量会发生变化，即有可能增加（减少）约束，这将会影响后续信息矩阵的结构及迭代优化的结果，同时新增加（减少）的约束还会对回环检测带来不利影响。因此，在进行相机位姿求解前将图像中的动态区域剔除是大多数学者针对动态环境中的 SLAM 问题所采用的策略[15]。

总的来说，在相机位姿求解前将图像中的动态区域剔除的方法可以分为两大类：使用相机运动模型和不使用相机运动模型。大多数动态环境中的 SLAM 系统在处理运动目标时，都会先计算出相机的运动情况，然后才判断动态区域，但其实两者所形成的是一个类似于"鸡生蛋蛋生鸡"的问题[16]，这是因为对视觉 SLAM 系统来说，计算相机运动模型需要环境中的静止三维点，而判断环境中的三维点是否静止又需要相机运动模型，如果不能较好地平衡两者之间的关系，那么最终判断结果的准确性也将得不到保障。在结合了深度学习的语义信息后，是否使用相机运动模型的流程区别如图 2-22 所示。

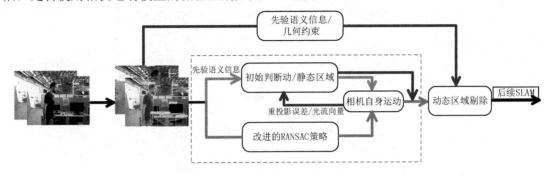

图 2-22　是否使用相机运动模型的流程区别

1. 直接使用先验语义信息剔除动态区域

当直接使用先验语义信息剔除动态区域时，人们可直接根据经验来判断某些区域中是否存在运动目标，如直接判断室内的人为运动目标，这样处理虽然看起来稍显草率，但单单对判断室内环境中的动态区域来说，不失为一种不错的选择。因为这样可以在很大程度上降低算法的复杂性，而且室内环境中的运动目标为人，即使环境中存在一些动态性较为模糊的物体，如椅子、书籍和球类等，在经过一轮语义分割剔除掉主要运动目标后，动态区域中占比较少的物体往往可以利用 RANSAC[17]等算法进行二次筛选并取得不错的效果，但这也仅限于室内环境。若在室外环境如城市街道中，系统将车辆作为运动目标直接进行剔除要承担的风险则会高很多，因为街道中车辆在环境中的占比较大，且很多停靠的车辆往往会作为静态背景为 SLAM 系统提供充足的特征点，若直接将其剔除，可能会影响计算的精度。由此可见，虽然直接使用先验语义信息剔除动态区域的流程要简洁很多，但其对环境的要求也很严格，还需要对特定的环境做必要的调整。

2. 使用相机运动模型剔除动态区域

在得到两帧图像之间相机的位姿后判断图像中特征点的动态性将较为容易，不管是利用基于对极约束的重投影误差还是利用基于光流向量的一致性约束都是一种不错的选择。使用相机运动模型判断特征点的动态性如图 2-23 所示。参考帧图像中的特征点集 $\{u_1, u_2, u_3, u_4\}$ 在经过特征匹配或者光流跟踪后，对应到当前帧图像中的特征点集 $\{u'_1, u'_2, u'_3, u'_4\}$，若相机之间的

变换矩阵 $T_{\mathrm{cur,ref}}$ 已知，则可以利用相机内参矩阵和相机之间的变换矩阵将参考帧图像中的特征点投影到当前帧图像中（图 2-23 中右侧方框的实心圆图标），其中 K 为相机内参矩阵，s 为尺度因子，将参考帧图像中的特征点转换到当前帧图像相机坐标系下时有一个归一化坐标转换的过程。相应公式如下。

$$u^* = s \cdot K \cdot T_{\mathrm{cur,ref}} \cdot K^{-1} \cdot u \qquad (2\text{-}36)$$

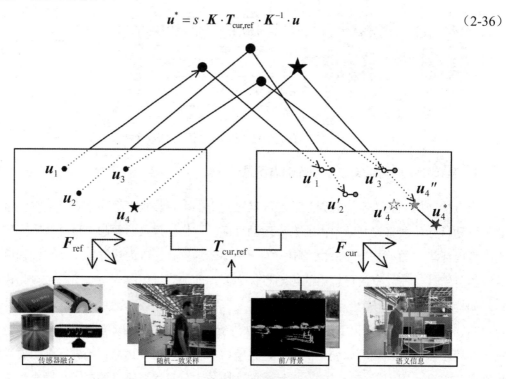

图 2-23　使用相机运动模型判断特征点的动态性

由以上内容可得，经过匹配得到的特征点集和投影的特征点集是没有重合的，这是由相机位姿误差和匹配噪声导致的，但它们之间的距离并不大且距离变化趋势大致相同。图 2-23 中 u_4 代表动态点，如果将其看作常规静态点，其投影将会是图 2-23 中的 u_4'，但真实情况下这些点是运动的，所以经过特征匹配后运动到了图 2-23 中的 u_4^* 位置，此时匹配点与投影点之间的距离不论是大小还是方向都与其他静态点不同，因此可以根据这些信息初步判断图像中的动态区域，之后只将静态区域的特征点用于后续 SLAM 系统的运算。这是将原本的剔除动态区域问题转变为在未知状态三维点中求取相机运动模型，并反过来作用于三维点以达到确定动态区域的目的，而其中求取相机运动模型的环节是重要的一步。

3．先验语义信息与相机运动模型的结合

一旦将诸如目标检测或语义分割网络框架（如 YOLOv3[18]、SegNet[19]、Mask R-CNN[20]）添加到动态环境下的 SLAM 系统中，人们可根据经验对环境中的运动目标有一个初步判断与分割，如室内的人、街道上的车辆、各种各样的动物等，这些都是具有高运动可能性的目标，如果先将图像中的这些目标区域剔除，再进行相机位姿的估计，这样得到的结果将比直接使用 RANSAC 算法剔除动态区域要可靠得多，且运动一致性检测环节的加入能进一步确保特征点动态性的准确判断。该环节的核心可以是基于对极约束的重投影误差，也可以是基于光流向量的一致性约束，在将潜在动态区域分割完之后，系统会使用存在于潜在动态区域外的连续两帧图像中的特征点计算基础矩阵，并使用对极约束判断分割区域中特征点的动态性，对极约束的相关公式如下。

$$q_i^{\mathrm{T}} F p_i = 0, \quad i = 1, 2, \cdots, n \tag{2-37}$$

式中，q_i、p_i 分别为相邻两帧图像中匹配的像素点；F 为对应的基础矩阵。对于当前帧图像中的每一个特征点，计算其到极线 $F p_i = [x, y, z]$ 的距离 d [见式（2-38）]，一旦距离超过一定的阈值，则认为该点为动态点。

$$d = \frac{\left| q_i^{\mathrm{T}} F p_i \right|}{\sqrt{\|x\|^2 + \|y\|^2}}, \quad i = 1, 2, \cdots, n \tag{2-38}$$

对极约束可以很好地检测到距离极线过远的外点，但是当三维点在极平面运动时，当前帧图像的特征点仍会落到极线上，此时距离极线过远的外点很难被检测到。该问题的解决方法是可以使用基于光流向量的一致性约束，分别计算背景区域和潜在动态区域特征点的运动向量 $V = (\Delta x, \Delta y)$，其欧氏距离 ρ 及方向 θ 可分别由式（2-39）、式（2-40）得到。

$$\rho = \sqrt{(\Delta x)^2 + (\Delta y)^2} \tag{2-39}$$

$$\theta = \arctan\left(\frac{\Delta x}{\Delta y}\right) \tag{2-40}$$

在得到背景区域和潜在动态区域中全部特征点的运动向量后，比较两者在距离和方向上的平均值，如果背景区域和潜在动态区域的距离比值超过 1.1、方向比值超过 1.05，那么认为该区域为真实的动态区域。基于先验语义信息的动态环境下 SLAM 系统流程如图 2-24 所示。

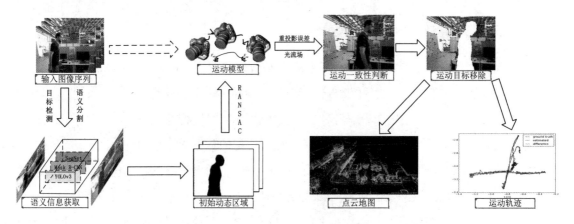

图 2-24　基于先验语义信息的动态环境下 SLAM 系统流程

2.3.3　基于 CNN 的视觉里程计

传统基于特征点法的视觉里程计在特定环境中已经能很好地完成特征提取与匹配、运动估计的任务。但是该算法在环境恶劣的情况下适应性不高，相机运动激烈也会导致算法追踪丢失过多，并且对于动态环境中的相机位姿估计问题也没有很好的解决方案。而近年来，CNN已经被证实可以在计算机视觉领域发挥很大的作用。Krizhevsky 等学者[21]指出 CNN 经过反向传播算法训练之后在分类大量图像的任务中有很好的表现，这是 CNN 应用于计算机视觉领域的开端，此后 CNN 广泛应用于深度估计、特征提取与匹配等任务。

1. FlowNet

Dosovitskiy 等学者[22]提出了一种光流估计网络——FlowNet，其网络结构如图 2-25 所示。在 FlowNet 中输入 T 帧到 $T+1$ 帧相邻图像，该图像先通过 FlowNet 收缩部分的卷积层得到缩小的图像，再通过 FlowNet 放大部分的卷积层放大缩小的图像，最后进行光流估计。

从图 2-25 中可以看出，FlowNet 的网络结构分为收缩部分和放大部分。其中，收缩部分相当于传统上的特征提取过程，文献[18]给出了两种网络输入方案：一种是将两帧相邻图像叠加输入卷积层进行特征提取，这种方案为 FlowNetSimple，其网络结构如图 2-26 所示；另一种是先将两帧相邻图像分别输入卷积层进行各自的特征提取，然后进行特征匹配，这种方案为 FlowNetCorr，其网络结构如图 2-27 所示。

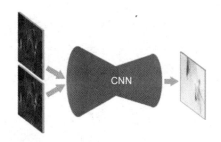

图 2-25　FlowNet 的网络结构[22]

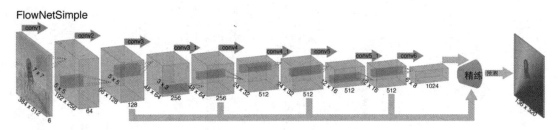

图 2-26　FlowNetSimple 的网络结构[18]①

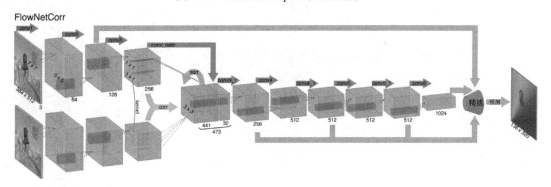

图 2-27　FlowNetCorr 的网络结构[18]

　　放大部分的网络结构如图 2-28 所示，它通过 deconv5 对收缩部分得到的图像进行逆卷积（Decovolution），并将得到的结果和通过 conv5_1 卷积得到的结果及通过 flow5 上采样得到的结果组合输入下一层，重复四次后可输出光流估计结果。

2．端到端的视觉里程计网络设计

　　本节设计的端到端的视觉里程计网络结构参考了 FlowNet 中收缩部分的网络结构，采用

---

① 图像大小单位为像素，本书相应表示不再标明单位。

的网络输入方案为 FlowNetSimple，同时为了获得更加具有辨识度的图像，本节提出了基于 CNN 的改进视觉里程计算法（记为 ECNN-VO 算法）。该算法融合了一种轻量级的通道注意力机制模块——ECA 模块[23]。ECNN-VO 算法的总体框架如图 2-29 所示。本节将通过实验验证 ECNN-VO 算法[24]的性能。

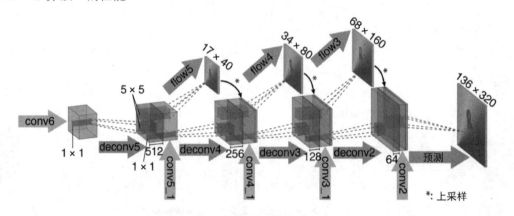

图 2-28　放大部分的网络结构[18]

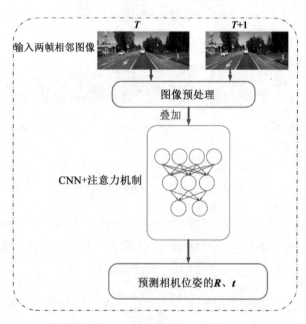

图 2-29　ECNN-VO 算法的总体框架

图 2-30 所示为 ECNN-VO 算法的网络结构。该算法主要包括网络输入模块、卷积计算模块、ECA 模块、网络输出模块。输入两帧相邻图像，对其进行叠加处理后进行一系列卷积计

算，并对得到的图像进行池化操作获得高维图像，高维图像经过三个连续的全连接层进行降维回归得到六自由度相机位姿的 **R**、**t**。

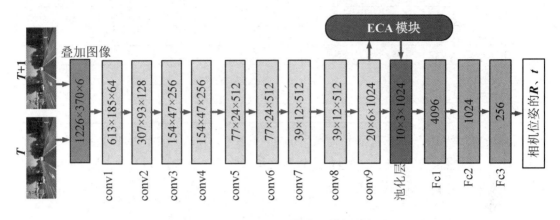

图 2-30　ECNN-VO 算法的网络结构

在 ECNN-VO 算法的网络结构中，高维图像通过三次全连接层的操作得到了相机位姿的 **R**、**t**，而深度学习中的全连接层对输入图像大小有一定的限制要求，因为输入图像大小不一致会使同一网络中输出图像的特征维度不同。因此，需要对所有输入图像的大小进行调整，使每张输入图像的大小一致。本节设计的网络需要每次输入两帧相邻图像，输入图像的大小统一修改为 1226×370，同时参考 FlowNetSimple 的网络输入方案将两帧相邻图像叠加产生一个第三维度为六的图像并将其输入一系列卷积层进行卷积计算。卷积计算模块包括卷积层、池化层及全连接层。本节设计的网络参考了 FlowNetSimple 的网络结构，卷积层共设计了九个，并在此基础上嵌入了轻量级的 ECA 模块，使获得的图像更具有辨识度。卷积层的参数如表 2-4 所示。将大小为 1226×370×6 的图像叠加形式输入卷积层进行卷积计算，同时每一层的卷积核大小从 7×7 逐步缩小至 3×3。每一个卷积层后采用非线性激活函数（ReLU 函数）能有效避免梯度消失、爆炸问题。输入图像经过九次卷积计算之后获得大小为 20×6×1024 的图像，该图像经过一个池化层变为大小为 10×3×1024 的图像，将池化层获得的图像输入三个连续的全连接层，最终得到相机位姿的 **R**、**t**。

表 2-4　卷积层的参数

层数	卷积核大小	步长	通道数
conv1	7×7	2	64
conv2	5×5	2	128

层数	卷积核大小	步长	通道数
conv3	5×5	2	256
conv4	3×3	1	256
conv5	3×3	2	512
conv6	3×3	1	512
conv7	3×3	2	512
conv8	3×3	1	512
conv9	3×3	2	1024

ECNN-VO 算法的主要功能是估计相机位姿，这是一个回归问题，因此可选用均方误差作为误差函数。网络预测的相机位姿包括旋转和平移，假设 i 时刻到 $i+1$ 时刻发生的相对平移为 T_i，相对旋转为 R_i，则误差函数如下。

$$\text{loss} = \text{argmax} \frac{1}{N} \sum_{i=1}^{N} \left\| T_i - T_G \right\|_2^2 + \delta \left\| R_i - R_G \right\|_2^2 \qquad （2\text{-}41）$$

式中，T_G 为数据集中提供的真值平移；R_G 为真值旋转；δ 为平衡系数，用于调节旋转和平移由于单位不同而产生的差异；N 为样本数量。

3. ECNN-VO 算法性能的验证

本次实验使用 KITTI 数据集[25]对 ECNN-VO 算法性能进行验证。KITTI 数据集是卡尔斯鲁厄理工学院和丰田美国技术研究院联合创建的，可用于评估各种视觉里程计及视觉 SLAM 算法。它一共有 22 个序列，其中前 11 个序列不仅包含双目图像序列，还提供了经过精确校正的地面真值。本次实验将 KITTI 数据集的 00～07 序列作为训练集，对网络模型进行训练，而 08、09、10 序列作为测试集，对训练完成的网络模型进行测试。

为了验证 ECNN-VO 算法的性能，本次实验将其与基于几何的视觉里程计算法（记为 VISO2-M[26]算法）及基于深度学习算法的视觉里程计算法（记为 PCNN-VO[27]算法）在 08～10 序列上对网络模型进行测试并比较位姿估计的误差，结果如表 2-5 所示。在表 2-5 中，t 为平移误差，r 为旋转误差，两者计算公式如下。

$$t = \frac{L_G - L_p}{L_G} \qquad （2\text{-}42）$$

$$r = \frac{R_{\text{error}}}{L_G} \qquad （2\text{-}43）$$

式中，L_G 和 L_P 分别为地面真实轨迹总长度和视觉里程计估计轨迹总长度；R_{error} 为旋转总误差。在表 2-5 中，3 种算法在各个序列上的平移误差和旋转误差的最小值进行了加粗处理。

表 2-5　各种算法的误差对比结果

序列	VISO2-M 算法		PCNN-VO 算法		ECNN-VO 算法	
	t	rl（deg/m）	t	rl（deg/m）	t	rl（deg/m）
08	19.18%	0.0384	8.94%	0.0171	**3.25%**	**0.0155**
09	10.35%	0.0283	**6.45%**	0.0276	7.28%	**0.0246**
10	26.75%	0.0503	19.24%	0.0462	**9.34%**	**0.0358**
平均值	18.76%	0.0390	11.54%	0.0303	**6.62%**	**0.0253**

　　由表 2-5 可知，相较于 VISO2-M 算法，PCNN-VO 算法的平移误差和旋转误差较低，而本章提出的 ECNN-VO 算法除在 09 序列上的平移误差稍微高于 PCNN-VO 算法之外，在其余序列上的平移误差和旋转误差都比其他算法低，这表明 ECNN-VO 算法能达到较好的性能。不同算法的平均误差对比如图 2-31 所示。

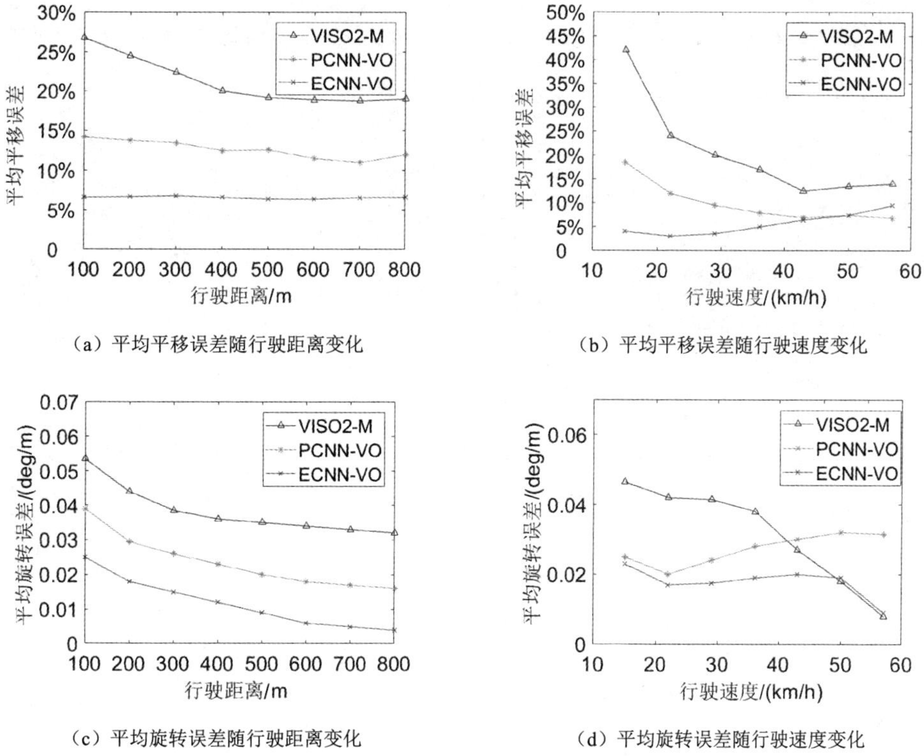

（a）平均平移误差随行驶距离变化

（b）平均平移误差随行驶速度变化

（c）平均旋转误差随行驶距离变化

（d）平均旋转误差随行驶速度变化

图 2-31　不同算法的平均误差对比

为了更直观地体现 ECNN-VO 算法的性能，本节除给出 ECNN-VO 算法相较于 VISO2-M 算法和 PCNN-VO 算法的平均误差对比外，还将该算法同 GroundTruth 算法、VISO2-M 算法和 PCNN-VO 算法在 08～10 序列上的运动轨迹放在同一坐标系中进行对比，如图 2-32 所示。从图 2-32 中可以看出，VISO2-M 算法在各序列上的运动轨迹与 GroundTruth 算法有较大误差，运动轨迹较复杂；PCNN-VO 算法在各序列上的运动轨迹在 VISO2-M 算法的基础上有很大的改善，与 GroundTruth 算法的误差不是很大；而融入 ECA 模块的 ECNN-VO 算法在各序列上的运动轨迹比 PCNN-VO 算法的效果更好，运动轨迹与 GroundTruth 算法的重合度很高。总体来看，运动轨迹对比符合平均误差对比。

由定量的平均误差对比及直观的运动轨迹对比可以看出，VISO2-M 算法的性能不如 PCNN-VO 算法和 ECNN-VO 算法，这说明深度学习算法对于视觉里程计性能的提高有很大帮助。而本章提出的 ECNN-VO 算法是在基于深度学习算法的基础上融入了 ECA 模块，故其性能表现优于 PCNN-VO 算法，但同时可以看到 ECNN-VO 算法的运动轨迹依然没法与 GroundTruth 算法完全重合，这说明 ECNN-VO 算法的性能还有可以提高的空间。

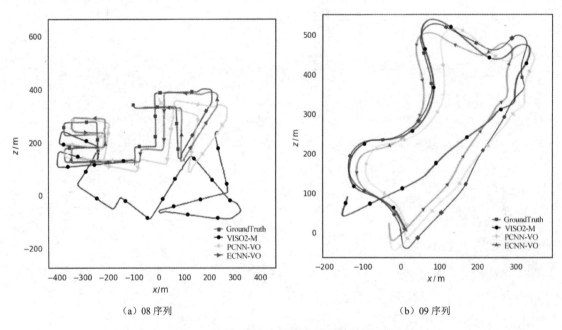

（a）08 序列　　　　　　　　　　　　　　　（b）09 序列

图 2-32　08、09、10 序列上的运动轨迹对比

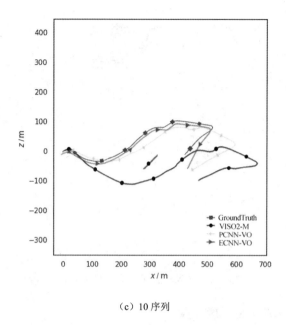

（c）10 序列

图 2-32　08、09、10 序列上的运动轨迹对比（续）

2.3.4　基于 CNN 的回环检测

在传统回环检测算法中，算法依赖于人工标记的特征对每张图像进行描述，而有的特征计算复杂从而使得算法描述图像变得困难，最终导致算法效率低，并且在光照强度剧烈变化的情况下，使用人工标记的特征描述图像的准确度不高，进而在进行回环检测时的效率也不高。CNN 可对图像的深层次特征进行提取已经得到很多学者的验证，并且采用 CNN 提取的特征描述图像能有效克服传统回环检测算法的不足。

1. 算法的总体框架

本节基于 VGG-16[28]的网络结构提出了一种基于 CNN 的回环检测算法，该算法的总体框架如图 2-33 所示。本节将通过实验验证基于 CNN 的回环检测算法的性能。

基于 CNN 的回环检测算法的总体框架：将输入的图像序列通过图像预处理以满足网络输入的大小，并基于 VGG-16 网络结构构造特征向量集，对于后续新输入的图像，通过 VGG-16 网络结构提取其特征向量，将其与特征向量集中的每一个向量进行相似度计算，从而判断图像间是否发生回环。

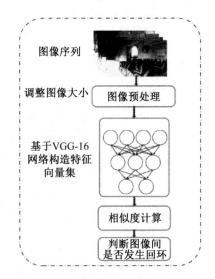

图 2-33 基于 CNN 的回环检测算法的总体框架

2．特征向量集的构造与相似度计算

本节将采用基于预训练的 VGG-16 网络结构对输入图像进行深层次特征提取。VGG-16 网络结构的训练参数是由 ImageNet 数据集训练生成的。在原 VGG-16 的完整网络结构中，最后一个全连接层 Fc8 用于 1000 种图像分类，因此不考虑将其作为特征提取层，同时为了不破坏 VGG-16 作为深层次网络结构的完整性，采用倒数第 2 个全连接层 Fc7 的输出作为最终提取的图像特征。将单张原始图像 A 修改为大小是 224×224×3 的图像，并输入网络，其经过 13 个卷积层及 2 个全连接层后，可以得到一个 4096 维图像的特征向量。该向量可表示为 $V_A = \{v_{A,1}, v_{A,2}, \cdots, v_{A,4096}\}$。那么，对于一次性输入 m 个图像序列，即可在全连接层 Fc7 之后得到图像的特征向量集，该向量集可表示为

$$M = \begin{pmatrix} v_{1,1} & v_{1,2} & \cdots & v_{1,4096} \\ v_{2,1} & v_{2,2} & \cdots & v_{2,4096} \\ \vdots & \vdots & & \vdots \\ v_{m,1} & v_{m,2} & \cdots & v_{m,4096} \end{pmatrix} \tag{2-44}$$

构造了特征向量集之后就需要对新输入的图像进行相似度计算。常见的计算图像间相似度的准则主要有以下几种。

（1）结构相似度指数（Structural Similarity Index，SSIM）。

SSIM 分别从图像亮度、结构、对比度方面计算图像间相似度，比较全面，其取值范围为

[0,1]，值越接近 1，表示图像间越相似。

（2）欧氏距离。

对于 $A = (a_1, a_2, \cdots, a_n)$，$B = (b_1, b_2, \cdots, b_n)$，两者之间的欧氏距离为

$$d(A, B) = \sqrt{\sum_{i=1}^{n} (a_i - b_i)^2} \quad (i = 1, 2, \cdots, n) \tag{2-45}$$

欧氏距离衡量的是 n 维空间中两个点之间的实际距离，距离越远，差异越大。

（3）余弦相似度。

将图像用向量进行描述，通过计算向量之间的余弦距离来表征两张图像间的相似度。对于 $A = (a_1, a_2, \cdots, a_n)$，$B = (b_1, b_2, \cdots, b_n)$，两者之间的余弦距离为

$$\cos\theta = \frac{\sum_{i=1}^{n}(a_i b_i)}{\sqrt{\sum_{i=1}^{n} a_i^2}\sqrt{\sum_{i=1}^{n} b_i^2}} \tag{2-46}$$

余弦值越接近 1，表示图像间越相似。本次实验选用余弦相似度对图像间相似度进行计算，进而进行回环判断。

3. 实验分析

本次实验使用由牛津大学移动机器人小组采集的 New College 公开视觉 SLAM 回环检测数据集验证基于 CNN 的回环检测算法的性能。本次实验使用的数据集一共包含 2146 张图像，它们是移动机器人在室内外环境中由左、右摄像头采集到的，左摄像头采集的图像共 1073 张，在数据集中的下标为奇数，右摄像头采集的图像共 1073 张，在数据集中的下标为偶数，图像大小为 640×480，图像格式为 jpg，其示例如图 2-34 所示。同时，数据集中提供了回环真值矩阵用于实验对比，矩阵主对角线元素都为 1，除此之外对于矩阵中的 (i, j) 元素，若其值为 1，则表示第 i 张图像和第 j 张图像组成一个回环（图像间发生回环），若其值为 0，则第 i 张图像和第 j 张图像没有组成回环。本次实验仅使用左摄像头采集的及根据给出的回环真值矩阵选取包含回环信息的 20 张图像进行实验，即本次实验使用的回环真值矩阵大小为 20×20。

为了更好地验证基于 CNN 的回环检测算法的性能，本次实验搭建了图 2-35 所示的数据集采集平台进行图像采集并人工标记回环真值矩阵。计算机控制机器人运动。机器人搭载的 RGB-D 相机可实时获取彩色图像。数据集采集环境如图 2-36 所示。采集的回环检测图像如

图 2-37 所示，一共有 9 张。对这些图像采用数据集真值回环的标记方式，人工标记第 1 张与第 9 张、第 5 张与第 6 张为同一位置，即标记为一个回环，在 9×9 的回环真值矩阵中，(1,9)、(9,1)、(6,5)、(5,6) 及主对角线元素的值为 1，其余元素的值为 0。

图 2-34　本次实验使用的数据集图像示例

图 2-35　数据集采集平台

图 2-36　数据集采集环境

图 2-37　采集的回环检测图像

本次实验的实验环境与基于 CNN 的视觉里程计实验中的相同，实验方法采用相似矩阵热力图的形式，即计算图像间的余弦相似度后用相似矩阵热力图的形式对图像间的相似度结果进行展示，采用该形式能更直观地验证算法的可行性。回环检测实验结果如图 2-38 所示。图 2-38（a）和图 2-38（c）分别为 New College 公开视觉 SLAM 回环检测数据集回环真值矩阵及本地数据集回环真值矩阵的热力图，颜色越亮表示越相似；图 2-38（b）和图 2-38（d）分别为实验中相应数据集的相似矩阵的热力图。由图 2-38 可以看出，实验中相似矩阵热力图的分布大致和回环真值矩阵相同，这说明本节提出的基于 CNN 的回环检测算法具有可行性。

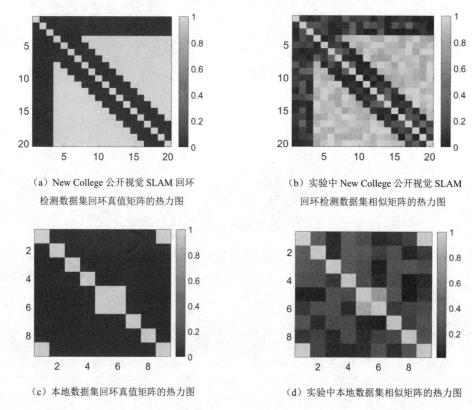

（a）New College 公开视觉 SLAM 回环
检测数据集回环真值矩阵的热力图

（b）实验中 New College 公开视觉 SLAM
回环检测数据集相似矩阵的热力图

（c）本地数据集回环真值矩阵的热力图

（d）实验中本地数据集相似矩阵的热力图

图 2-38　回环检测实验结果

2.3.5　视觉与激光雷达融合的 SLAM

目前无论是视觉 SLAM 系统还是激光 SLAM 系统都取得了不错的进展，但单一传感器的 SLAM 系统都存在一定的问题。例如，视觉 SLAM 系统存在单目相机模式下尺度因子的漂移、深度估计能力的不足、初始化效率低，RGB-D 相机在室外场景中使用困难的问题；激光 SLAM 系统虽然能够获取较好的测距精度，但其对环境信息的表达不够丰富，且在环境变化剧烈时稳定性差。因此，将多个传感器自身的优点进行融合，是提高 SLAM 系统鲁棒性的一种有效手段。常见的融合方式有相机与激光雷达的融合及相机与惯性测量单元的融合。本节主要介绍相机与激光雷达的融合。

目前视觉与激光雷达的 SLAM 多以一种松耦合的方式进行融合，即利用特征层面的融合来解决单一传感器 SLAM 系统存在的问题。例如，在视觉 SLAM 系统的基础上，加入激光雷达数据，可提高相机对特征点深度信息估计的准确性；在激光 SLAM 系统的基础上，加入图像信息，可提高系统对环境信息的表达能力等。相机与激光雷达的融合需要解决的关键问题是相机之间的时间同步及相机与激光雷达的联合标定。

1. 相机之间的时间同步

为了实现相机与激光雷达的融合，需要确保在时间上实现相机之间最大程度的同步，这样才能保证观测数据之间匹配的可靠性。由于相机与激光雷达获取数据的频率与周期往往不一样，如相机的帧率为 30FPS、激光雷达的采样频率为 10Hz，这会导致每帧图像数据和点云数据的采集时刻不一致。为了解决该问题，在保证时钟源一致的条件下，需要对数据进行软件机制上的同步。相机之间的时间同步机制如图 2-39 所示。可使用 ROS 提供的时间同步器对图像数据和点云数据进行处理，通过同时订阅图像话题“sensor_msgs/Image”和激光雷达点云话题“sensor_msgs/ PointCloud2”，建立接受协议，设定时间间隔为 1ms，当图像数据时间戳与点云数据时间戳之间小于一定阈值时，使用“sync.registerCallback”将多个话题统一传入同一个回调函数中，对同步后的传感器数据进行处理[29]。

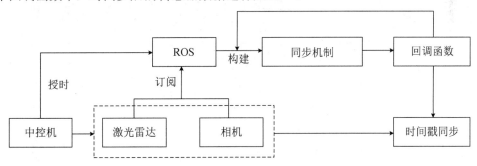

图 2-39　相机之间的时间同步机制

2. 相机与激光雷达的联合标定

在实际环境中，为了实现相机与激光雷达的融合，需要对相机与激光雷达进行联合标定，以获得相机之间坐标系间的刚体变换关系，从而将图像中的二维特征点（需要投影变换到世界坐标系下，形成三维点云）与激光雷达获取的三维点云进行关联。

标定过程会利用棋盘标定板，用于提取并寻找相机帧序列和激光雷达帧序列的特征对应关系。一旦找到对应的三维点云对，可利用 ICP 算法以最小化目标函数的方式来迭代寻找三维点云对之间的变换关系，相应公式如下所示。

$$\underset{R \in \mathrm{SO}(3), t \in \mathbf{R}^3}{\operatorname{argmin}} \left\| (RP + t) - P' \right\|^2 \tag{2-47}$$

式中，P 和 P' 为空间中的三维点；R 和 t 分别为三维点云对之间的旋转矩阵和平移向量。

在对式（2-47）求解的过程中，为了提高计算效率，一般先求解旋转矩阵，待坐标系的旋转部分对齐后，再计算平移向量。假设点 P 和点 P' 之间的旋转矩阵已知，则可构建误差函数，并对平移向量求导，寻找极值点，相应公式如下所示。

$$f(t) = \sum_{i=1}^{N} \left\| (RP_i + t) - P_i' \right\|^2 \tag{2-48}$$

$$\frac{\partial f(t)}{\partial t} = 2 \sum_{i=1}^{N} (RP_i + t) - P_i' = 0 \tag{2-49}$$

$$\frac{\partial f(t)}{\partial t} = 2R \sum_{i=1}^{N} P_i + 2t \sum_{i=1}^{N} 1 - 2 \sum_{i=1}^{N} P_i' = 0 \tag{2-50}$$

平移向量为

$$t = \frac{1}{N} \sum_{i=1}^{N} P_i' - R \frac{1}{N} \sum_{i=1}^{N} P_i \tag{2-51}$$

令 $\overline{P'} = \dfrac{1}{N} \sum_{i=1}^{N} P_i$，$\overline{P} = \dfrac{1}{N} \sum_{i=1}^{N} P_i$，并代入原始目标函数有

$$R = \underset{R \in \mathrm{SO}(3), t \in \mathbf{R}^3}{\operatorname{argmin}} \left\| R(P_i - \overline{P}) - (P_i' - \overline{P'}) \right\|^2 \tag{2-52}$$

令 $A = (P_i - \overline{P})$，$A' = RA$，$B = (P_i' - \overline{P'})$，则目标函数可转化为

$$\sum_{i=1}^{N} \left\| A_i' - B_i \right\|^2 = \mathrm{Tr}((A' - B)^{\mathrm{T}}(A' - B)) \tag{2-53}$$

利用矩阵迹的性质及奇异值分解，可得

$$R = \underset{R \in \mathrm{SO}(3)}{\operatorname{argmax}} \mathrm{Tr}(B^{\mathrm{T}} A') = \underset{R \in \mathrm{SO}(3)}{\operatorname{argmax}} \mathrm{Tr}(AB^{\mathrm{T}} R) \tag{2-54}$$

$$R = UMV^{\mathrm{T}} \tag{2-55}$$

其中 M 为校正矩阵，即

$$M = \begin{bmatrix} 1 & 0 & 0 \\ 0 & 1 & 0 \\ 0 & 0 & \mathrm{sign}(\det(UV^{\mathrm{T}})) \cdot 1 \end{bmatrix} \tag{2-56}$$

为了确保标定结果的准确性，需要保持相机与激光雷达的相对位置不变，多次采集传感器数据，并取平均值。

三维点云的投影过程需要先将激光雷达坐标系下的点云坐标转换到相机坐标系下，再进行坐标校正获得校正后相机坐标系下的点云坐标，最后根据小孔成像原理将点云坐标投影至相机成像平面，获得对应的像素坐标。假设激光雷达坐标系下的点云齐次坐标为 $X = [x, y, z, 1]^{\mathrm{T}}$，像素坐标系下的投影齐次坐标为 $Y = [u, v, 1]^{\mathrm{T}}$，那么激光雷达坐标系下的点云坐标到二维图像坐标系的投影过程中的计算公式为

$$Y = \frac{1}{Z} KCTX \tag{2-57}$$

式中，T 为激光雷达坐标系至相机坐标系的外参变换矩阵；C 为坐标校正矩阵；K 为相机内参矩阵；Z 为归一化参数，用来将结果转换为齐次坐标。

本章参考文献

[1] Durrant‐Whyte H. Where am I? A tutorial on mobile vehicle localization [J]. Industrial Robot, 1994, 21(2): 11-16.

[2] 张慧娟. 复杂环境下 RGB-D 同时定位与建图算法研究 [D]. 北京: 中国科学院大学, 2019.

[3] 高翔, 张涛. 视觉 SLAM 十四讲: 从理论到实践 [M]. 北京: 电子工业出版社, 2017.

[4] Lowe D G. Distinctive image features from scale-invariant keypoints [J]. International Journal of Computer Vision, 2004, 60(2): 91-110.

[5] Rosten E, Drummond T. Machine learning for high-speed corner detection [C]. European Conference on Computer Vision, 2006.

[6]   Rublee E, Rabaud V, Konolige K, et al. ORB: An efficient alternative to SIFT or SURF [C]. International Conference on Computer Vision, 2011.

[7]   Calonder M, Lepetit V, Strecha C, et al. Brief: Binary robust independent elementary features [C]. European Conference on Computer Vision, 2010.

[8]   Muja M, Lowe D G. Fast approximate nearest neighbors with automatic algorithm configuration [C]. 4th International Conference on Computer Vision Theory and Application, 2009.

[9]   Hartigan J A, Wong M A. Algorithm AS 136: A k-means clustering algorithm [J]. Journal of the Royal Statistical Society, 1979, 28(1): 100-108.

[10] Gálvez-López D, Tardós J D. Bags of binary words for fast place recognition in image sequences [J]. IEEE Transactions on Robotics, 2012, 28(5): 1188-1197.

[11] Wei X Y, Huang J, Ma X Y, et al. Real-Time monocular visual SLAM by combining points and lines [C]. IEEE International Conference on Multimedia and Expo (ICME), 2019.

[12] Von Gioi R G, Jakubowicz J, Morel J-M, et al. LSD: A fast line segment detector with a false detection control [J].IEEE Transactions on Pattern Analysis and Machine Intelligence, 2010, 32(4): 722-732.

[13] Zhang L, Koch R J J o V C, Representation I. An efficient and robust line segment matching approach based on LBD descriptor and pairwise geometric consistency [J]. Journal of Visual Communication& Image Representation, 2013, 24(7): 794-805.

[14] 刘志洋. 基于点线特征的 RGB-D SLAM 系统研究 [D]. 广州: 华南理工大学, 2018.

[15] 王柯赛, 姚锡凡, 黄宇, 等. 动态环境下的视觉 SLAM 研究评述 [J]. 机器人, 2021, 43(6): 715-732.

[16] Saputra M R U, Markham A, Trigoni N. Visual SLAM and structure from motion in dynamic environments: A survey [J]. ACM Computing Surveys, 2019, 51(2): 1-36.

[17] Fischler M A, Bolles R C. Random sample consensus: a paradigm for model fitting with applications to image analysis and automated cartography [J]. Communications of the ACM, 1981, 24(6): 381-395.

[18] Redmon J, Farhadi A. Yolov3: An incremental improvement [J]. Computing Research Repository, 2018.

[19] Badrinarayanan V, Kendall A, Cipolla R. SegNet: A deep convolutional encoder-decoder

architecture for image segmentation [J]. IEEE Transactions on Pattern Analysis and Machine Intelligence, 2017, 39(12): 2481-2495.

[20] He K, Gkioxari G, Dollár P, et al. Mask r-cnn [C]. Proceedings of the IEEE International Conference on Computer Vision(ICCV), 2017.

[21] Krizhevsky A, Sutskever I, Hinton G E. Imagenet classification with deep convolutional neural networks [J]. Communications of the ACM, 2017, 60(6): 84-90.

[22] Dosovitskiy A, Fischer P, Ilg E, et al. Flownet: Learning optical flow with convolutional networks [C]. 2015 IEEE International Conference on Computer Vision, 2015.

[23] Wang Q L, Wu B G, Zhu P F, et al. ECA-Net: Efficient Channel Attention for Deep Convolutional Neural Networks [C]. 2020 IEEE/CVF Conference on Computer Vision and Pattern Recognition, 2020.

[24] 黄宇. 移动机器人视觉 SLAM 关键技术及路径规划问题研究 [D]. 广州: 华南理工大学, 2021.

[25] Geiger A, Lenz P, Urtasun R. Are we ready for autonomous driving? the kitti vision benchmark suite [C]. 2012 IEEE Conference on Computer Vision and Pattern Recognition, 2012.

[26] Geiger A, Ziegler J, Stiller C. Stereoscan: Dense 3d reconstruction in real-time [C]. 2011 IEEE Intelligent Vehicles Symposium (IV), 2011.

[27] Costante G, Mancini M, Valigi P, et al. Exploring representation learning with cnns for frame-to-frame ego-motion estimation [J]. IEEE Robotics and Automation Letters, 2016, 1(1): 18-25.

[28] Simonyan K, Zisserman A. Very deep convolutional networks for large-scale image recognition [J]. Computing Research Repository, 2014.

[29] 贾文超. 基于激光视觉融合的语义 SLAM 技术研究 [D]. 杭州: 浙江大学, 2021.

第 3 章　单 AGV 路径规划

本章先对地图建模方法进行阐述，并针对多个具体而不同的路径规划问题，给出本领域最新的研究成果，特别是智能优化算法的改进与实现，具体包括改进 GA、改进 GWO 算法、IFA 及改进 Q-Learning 算法。

3.1　地图建模方法与 AGV 工作空间

3.1.1　地图建模方法

AGV 的工作空间 W 在实际环境中是三维空间，但在仿真环境中，通常使用二维空间来表示，因为 AGV 通常在较平整的地面上运行，一般也不考虑其高度（z 轴）方向的约束，因此可将该维度忽略，从而实现三维空间向二维空间的映射。地图中包含重要的位置信息，如起点、终点、静态障碍物和动态障碍物等。地图的建模，本质上就是将上述位置信息以一定方法进行表示，地图数据要满足在计算机中便于存储、读取和使用等要求。常见的地图建模方法有拓扑图法[1]、可视图法[2]、栅格地图法[3]。

1）拓扑图法

拓扑图法简化了障碍物和机器人的几何形状，将工作空间以一定的规则划分成多个彼此相连的多边形区域，并保证同一个障碍物不会跨越多个区域，起点和终点也必须为拓扑网上的节点，机器人可沿着拓扑网移动。图 3-1 所示为拓扑图法的示意图，可以给各节点标号，并对节点间的连线段赋予权重，组成邻接矩阵，该图中的 S 和 G 分别表示起点和终点，黑色块表示障碍物。拓扑图法的优点在于大大降低了路径搜索过程的难度，但是创建拓扑网的过程却是十分复杂的，这点在选用拓扑图法时不可忽视。在文献[4]中，Jia 等学者提出了一种近似拓扑图的方法，使该方法与概率路线图法相结合，可提高路径规划问题的求解效率。

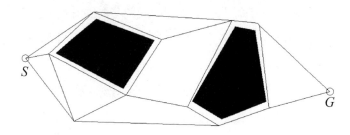

图 3-1　拓扑图法的示意图

2）可视图法

可视图法也称为顶点图像法，该方法通常会将起点和终点与障碍物的所有顶点进行组合连接而构成 AGV 的路径。由于该方法会舍弃穿过障碍物的路径，因此保留的路径便是可行路径。可视图法直观且易理解，但其仍属于枚举法的一种，当障碍物较多时，无疑会增大路径规划的计算量，并且当障碍物的位置变化时，原先的计算结果也将变得没有意义。图 3-2 所示为可视图法的示意图。图 3-2 中的 S 和 G 分别表示起点和终点，黑色块表示障碍物。文献[5]～[7]都是采用可视图法或在可视图法的基础上加以改进创建地图模型的，同时结合了其他算法解决路径规划问题。文献[8]使用可视图法描述了机器人的工作空间，并建立了路径模型。

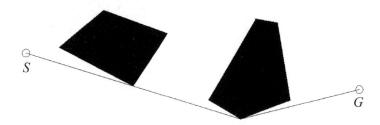

图 3-2　可视图法的示意图

3）栅格地图法

栅格地图法的建模较前两种方法更为简便，并且经常被用于理论研究中。Howden[3]最早提出了栅格地图法，其示意图如图 3-3 所示。该方法是将工作空间用大小相同的小方格（栅格）来划分，空间中的障碍物被规则化处理，当障碍物未占满一格时也需要将空格补满。通常栅格地图法的示意图所呈现的就是一个黑白颜色的栅格，从而将可行区域与不可行区域加以区分，工作空间描述精度与栅格数目成正比。栅格的表示方式有坐标法和序号法。其中，坐标法是指给地图加上横纵坐标，每个栅格就有对应的坐标；序号法是指按照一定的顺序对栅格进行编号，每个栅格就有对应的序号。栅格地图法的优势是能够直观地表示出地图包含的位置信息，并且由于障碍物的边界已经被规则化处理，因此大大简化了路径规划的计算过程。在实际使用过程中，栅格数目的选择至关重要，若栅格数目过大，尽管地图精度得到了保证，但这会带来计算量爆炸，算法效率过低的问题；反之，虽然数据存储量减小，计算变得简单便捷，但是地图精度可能无法达到要求。因此，在地图精度和算法效率之间寻求一个平衡点的关键是确定合适的栅格数目。

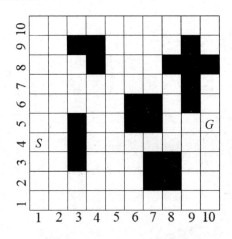

图 3-3　栅格地图法的示意图

3.1.2　AGV 工作空间

本书基于栅格地图法给出 AGV 工作空间、障碍物空间、自由空间的相关定义。AGV 工作空间 W 是由 $\mathbf{R}^2$ 表示的物理空间，障碍物在工作空间 W 中映射为障碍物空间 O_{ob}，AGV 与障碍物无碰撞移动的空间为自由空间 C_{free}，则有 $O_{ob} \bigcup C_{free} = W$。假设 AGV 工作空间为一个有限的区域，该区域内有一定数量的静态障碍物及动态障碍物，为了研究方便，人们可以把 AGV 假设成一个质点，忽略其实际大小，同时把障碍物放大一定的尺寸保证规划出的路径不会使 AGV 与障碍物碰撞。

一般而言，为了使路径规划问题顺利求解，人们会对路径规划问题做出如下的假设。

（1）存在多条使 AGV 能够从起点到达终点的路径。

（2）障碍物是静态的，大小、位置已知。在进行动态路径规划后，每一次迭代要给出障碍物的位置。

（3）每个栅格属于障碍物空间或者自由空间。

（4）假定地图是二维的。

（5）路径节点在栅格的中心点或者栅格的四个角点。

（6）为了建模方便将 AGV 视为质点，障碍物放大一定尺寸确保规化出路径的安全性。

障碍物的具体位置信息可以用障碍物矩阵 $\boldsymbol{M}_{ob}$ 来表示，即

$$
O_{ob}\begin{bmatrix} x_1 & y_1 & w_1 & h_1 \\ x_2 & y_2 & w_2 & h_2 \\ \vdots & \vdots & \vdots & \vdots \\ x_i & y_i & w_i & h_i \\ \vdots & \vdots & \vdots & \vdots \\ x_m & y_m & w_m & h_m \end{bmatrix}
$$

在 $\boldsymbol{M}_{ob}$ 中，(x_i, y_i) 为障碍物 i 的左下角坐标，w_i 和 h_i 分别为障碍物 i 的宽度和高度。

3.2　常见智能优化算法的概述

3.2.1　GA

GA 由 Holland[9]提出，是一种模拟生物遗传进化过程的全局优化搜索算法。参照遗传学的观点，本节将给出遗传算子（包括选择算子、交叉算子、变异算子）的概念，对随机产生的种群中的个体进行选择、交叉、变异操作来提高个体的适应度，个体的适应度值越大，该个体所对应的可行解越优。在算法中设定最大迭代次数，最后一代中的最优个体即所求问题对应的最优解。GA 的计算流程图如图 3-4 所示。

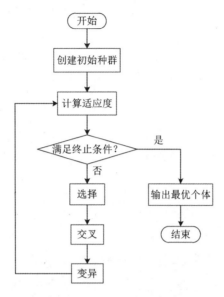

图 3-4　GA 的计算流程图

3.2.2　GWO 算法

GWO 算法是一种新的智能优化算法，由灰狼围捕猎物的行为启发得出，主要模拟灰狼狼群中灰狼的层级关系和大自然中灰狼狼群围捕猎物的行为[10]。GWO 算法主要包含猎物搜索阶段、猎物围捕阶段和猎物袭击阶段。GWO 算法的计算流程图如图 3-5 所示。

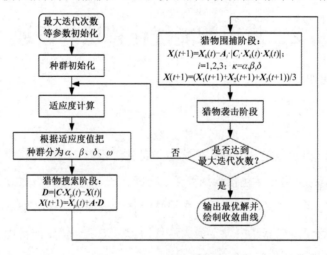

图 3-5　GWO 算法的计算流程图

3.2.3 FA

在大自然中，萤火虫会通过发光行为来觅食、求偶或沟通，并在感知范围内，向着发光强度更强的萤火虫靠近。萤火虫算法（Firefly Algorithm，FA）便是基于这一机制的随机搜索算法[11]。通常，FA 的应用领域包括数值优化、工程技术、交通信号优化等。FA 数学模型的构建需要基于以下 3 个理想化假设[11]。

（1）萤火虫的移动方向只取决于发光强度，而与性别无关。

（2）影响萤火虫之间吸引力的因素分别是萤火虫的发光强度与萤火虫间的距离，若某只萤火虫的发光强度越强，则代表它对其他萤火虫的吸引力越大，而吸引力又随着萤火虫间的距离的拉长而逐渐减小。

（3）萤火虫所处的位置即对应了优化目标的解，其发光强度代表目标函数的优劣程度，故目标函数值迭代优化的过程便可以被形象地理解为萤火虫在不断飞行并更新位置和发光强度。

假设在 n 维搜索空间中存在 m 只萤火虫，则萤火虫 i 在该空间中的位置可表示为 $x_i = (x_{i1}, x_{i2}, \cdots, x_{in})$，并有如下定义[12]。

① 萤火虫 i 的绝对发光强度为

$$I_i = f(x_i) \tag{3-1}$$

式中，I_i 为萤火虫 i 的发光强度；$f(x_i)$ 为萤火虫 i 的位置对应的目标适应度，即目标函数值。

② 萤火虫 i 在萤火虫 j 位置处的相对发光强度为

$$I_{ij} = I_i e^{-\gamma r_{ij}} \tag{3-2}$$

式中，γ 为发光强度吸收系数；r_{ij} 为萤火虫 i 与萤火虫 j 在 n 维搜索空间中的间隔，常用欧氏距离来计算，如下式。

$$r_{ij} = \|x_i - x_j\| = \sqrt{\sum_{k=1}^{n}(x_{ik} - x_{jk})^2} \tag{3-3}$$

③ 萤火虫 i 和萤火虫 j 之间的吸引力为

$$\beta_{ij} = \beta_0 e^{-\gamma r_{ij}^2} \tag{3-4}$$

式中，β_0 为最大吸引力，即光源处（$r = 0$）的吸引力，通常取 $\beta_0 = 1$。

④ 萤火虫 i 为萤火虫 j 所吸引的位置更新公式为

$$x_i^{t+1} = x_i^t + \beta_{ij}\left(x_j^t - x_i^t\right) + \alpha\varepsilon_i \tag{3-5}$$

式中，t 为迭代次数；ε_i 为随机扰动项；α 为扰动项系数。由式（3-5）知，位置更新是在当前位置信息的基础上叠加了受吸引力影响的移动项和一定程度的扰动项。

图 3-6 所示为 FA 的计算流程图。

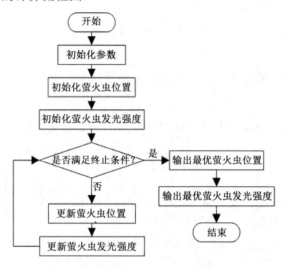

图 3-6　FA 的计算流程图

3.2.4　*Q*-Learning 算法

随着人工智能时代的到来，学者们对强化学习的研究越来越多。强化学习的思想来源于心理学领域，即一种名为行为主义的著名理论，它是指生物体在受到外界持续刺激后会逐渐做出某种习惯性行为。虽然强化学习是机器学习的一个分支，但并不能将其简单地归为监督式学习或非监督式学习[13]，强化学习介于两者之间，其本质是一种基于"试错"机制的学习方式，它更加侧重学习解决问题的策略。强化学习的基本框架如图 3-7 所示。在 t 时刻，智能体会根据当前时刻的环境状态 s_t，依据既定的策略选择动作 a_t，从而使下一时刻的环境状态变为 s_{t+1}，并且由于智能体选择了动作 a_t，它会从环境中获得延时奖励 r_{t+1}。在实际应用中，通常假设智能体和环境具有马尔可夫性，即系统下一时刻的环境状态 s_{t+1} 只和当前时刻的环境状态 s_t 有关，而与历史时刻的环境状态无关[14]。基于这样的假设，强化学习的过程便成为马尔可夫决策过程（Markov Decision Process，MDP）。

　　强化学习可进一步细分为基于模型的强化学习和无模型的强化学习。前者要先用一个模型来表示环境的工作原理，并通过所建立的环境得到反馈；后者不会尝试去理解并模拟环境，只是根据既往经验选择动作从而获得更多的延时奖励。无模型的强化学习又可以分为基于蒙特卡罗法的强化学习和基

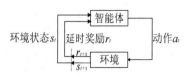

图 3-7　强化学习的基本框架

于时间差分法的强化学习。目前常用的 Q-Learning 算法就属于基于时间差分法的强化学习，它作为一种异策略的算法，同时运用了 ε-greedy 策略和贪婪策略。ε-greedy 策略用于进行动作的选择，而贪婪策略则用于更新价值函数。Q-Learning 算法的关键思想是将状态集与动作集构建成一张 Q 表来存储 Q 值，并根据 Q 值使用 ε-greedy 策略按一定概率选择能够获得最大延时奖励的动作，以及使用贪婪策略更新价值函数，从而填入 Q 表的对应位置完成迭代。价值函数的更新公式如下。

$$Q(s,a) \leftarrow Q(s,a) + \alpha\left(r + \gamma \max_{a'} Q(s',a') - Q(s,a)\right) \tag{3-6}$$

式中，r 为在当前时刻环境状态 s 下执行动作 a 所获得的即时奖励，并得到了下一时刻的环境状态 s'；a' 为下一时刻的动作；学习率 α 和折扣率 γ 为一个介于 0 与 1 之间的小数，α 决定了 Q 实际值（$r + \gamma \max_{a'} Q(s',a')$）与估计值（$Q(s,a)$）之间误差的学习程度，$\gamma$ 决定了下一时刻即时奖励的衰减程度，γ 越大，衰减程度越小，说明智能体应更多地考虑未来奖励。

　　Q-Learning 算法的计算步骤如下，对应的伪代码如图 3-8 所示。

　　（1）定义参数 α，设置最大回合数 $\max\_episodes$，并初始化 $Q(s,a)$。

　　（2）记当前回合数为 $episode$，随机初始化第一个环境状态 s。

　　（3）基于当前时刻的环境状态 s，从 Q 表中使用 ε-greedy 策略选择动作 a，如果 Q 表中不存在该状态，那么在 Q 表中创建该状态对应的行，并设置初始值为 0。

　　（4）执行动作 a，得到下一时刻的环境状态 s' 和即时奖励 r。

　　（5）使用 ε-greedy 策略，得到环境状态 s' 下的奖励，并用式（3-6）更新价值函数，填入 Q 表中。

　　（6）判断环境状态 s 是否为终点，如果是，那么跳到第（7）步，否则跳到第（3）步。

　　（7）令 $episode \leftarrow episode + 1$，并判断当前回合数是否达到最大回合数，如果达到最大回合数，那么跳到第（8）步，否则跳到第（2）步。

（8）输出最终结果。

```
Initialize Q(s, a) arbitrarily
Repeat (for each episode):
    Initialize s
    Repeat (for each step of episode):
        Choose a from s using policy derived from Q (e.g., ε-greedy)
        Take action a, observe r, s′
        Q(s, a) ← Q(s, a) + α[r + γ max_{a'} Q(s', a') − Q(s, a)]
        s ← s′;
    until s is terminal
```

图 3-8　*Q*-Learning 算法的伪代码

3.3　单目标静态路径规划

在采用智能优化算法求解路径规划问题时，通常需要对解的个体进行编码，编码方式包括二进制和实数编码。实数编码因其占用存储空间少、效率高而在路径规划问题求解中得到广泛应用。例如，在 GA 中，解的个体被称为染色体，图 3-9 所示为一条基因长度为 n 的染色体，由于路径规划问题的最终解是一条路径，因此染色体上的每个基因可以表示栅格地图中的一个点，设 p_1 为 AGV 的起点，p_n 为 AGV 的终点，随机产生 $n-2$ 个点，且所有点均在自由空间中，此时该染色体就是一条可行路径。

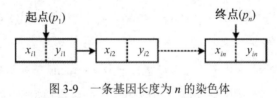

图 3-9　一条基因长度为 n 的染色体

3.3.1　基于改进 GA 实现

1）适应度函数的设计

AGV 在转弯时需要减小运行速度，转弯角度越小 AGV 的运行速度越大。若规化路径时不考虑 AGV 的转弯问题，则规划出的最优路径不一定能使 AGV 以最快、最安全的状态到达终点，此外，AGV 在转弯时需要的加减速能耗也随之增加。因此，适应度函数的设计应在常规路径最短的最优目标基础上，进一步考虑路径点组成的染色体与障碍物相交的路径片段数和路径光滑程度。将适应度函数分成两个子函数，在第一个子函数中引入路径与障碍物碰撞的惩罚因子 δ，由于惩罚因子的作用，当一条路径与障碍物碰撞次数越多时，惩罚越大，相应的目标函数值越大、适应度值越小。在 GA 选择操作时，适应度值小的路径被选择复制到下一代的概率较小，在变异操作时有更大的变异概率。适应度函数的第一个子函数 f_1 的计算公式为

$$f_1 = \begin{cases} \sum\limits_{i=1}^{n-1} d\left(p_i, p_{i+1}\right), & p_i p_{i+1} \bigcap O_{\mathrm{ob}} = \varnothing \\ \sum\limits_{i=1}^{n-1} d\left(p_i, p_{i+1}\right) + \delta \sum\limits_{i=1}^{n-1} \theta_i, & p_i p_{i+1} \bigcap O_{\mathrm{ob}} \neq \varnothing \end{cases} \tag{3-7}$$

式中，O_{ob} 为障碍物集合；δ 为惩罚因子；$d\left(p_i, p_{i+1}\right)$ 为基因点 p_i 和 p_{i+1} 所连接线段组成路径的长度，当路径与障碍物相交时，θ_i 为 1，反之，θ_i 为 0。

图 3-10 所示为路径光滑程度的示意图。转弯角度 ϕ 为沿 AGV 路径前进方向转弯前的路径与转弯后路径的反向延长线所形成的角度，因此路径光滑程度可用式（3-8）表示，ϕ 越大表示路径光滑程度越差，当 $\phi=0$ 时，路径为直线，因此适应度函数的第二个子函数 f_2 的计算公式为

$$f_2 = \sum_{i=1}^{m} \phi_i \tag{3-8}$$

式中，m 为 AGV 在一条路径中的转弯次数；ϕ_i 为第 i 个拐点的转弯角度，ϕ 的计算公式为

$$\phi = \arccos\left(\frac{\overrightarrow{BA} \cdot \overrightarrow{CB}}{|BA||CB|}\right) = \arccos\left(\frac{\left(x_A - x_B\right)\left(x_B - x_C\right) + \left(y_A - y_B\right)\left(y_B - y_C\right)}{\sqrt{\left(x_A - x_B\right)^2 + \left(y_A - y_B\right)^2} \sqrt{\left(x_B - x_C\right)^2 + \left(y_B - y_C\right)^2}}\right) \tag{3-9}$$

其中，$\left(x_A, y_A\right)$、$\left(x_B, y_B\right)$、$\left(x_C, y_C\right)$ 分别为 A、B、C 点的坐标。

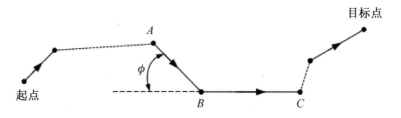

图 3-10　路径光滑程度的示意图

适应度函数 f 可按如下公式进行计算。

$$f = N - \alpha f_1 - \beta f_2 \qquad (3\text{-}10)$$

式中，N 为一个足够大的数；α 和 β 为权重系数。

2）路径片段与障碍物相交的判断算法

由于传统的用于判断路径片段与障碍物是否相交的算法较复杂且效率较低，导致求解路径规划问题耗时较长，因此本节将基于二元函数梯度建立高效的判断算法。路径片段与障碍物相交的示意图如图 3-11 所示。其中，路径片段 $p_i p_{i+1}$ 与障碍物 Ob_1 相交，其直线方程为

$$(y_i - y_{i+1})x - (x_i - x_{i+1})y + x_i y_{i+1} - x_{i+1} y_i = 0 \qquad (3\text{-}11)$$

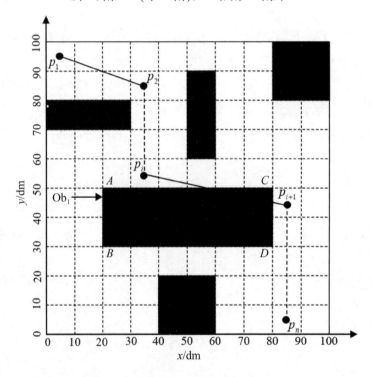

图 3-11　路径片段与障碍物相交的示意图

二元函数 $f(x,y)$ 及其梯度的定义如下。

$$f(x,y) = (y_i - y_{i+1})x - (x_i - x_{i+1})y + x_i y_{i+1} - x_{i+1} y_i \qquad (3\text{-}12)$$

$$\mathbf{grad}f(x,y) = (y_i - y_{i+1}, x_{i+1} - x_i) \qquad (3\text{-}13)$$

路径片段 p_ip_{i+1} 把地图分成三部分：路径片段的两侧和路径片段 p_ip_{i+1}。对于任意点 (x_i,y_i) 在路径片段 p_ip_{i+1} 上有 $f(x_i,y_i)=0$。由多元函数微分学可知，沿梯度方向函数值增加，反之减小。所以，对于 **grad**$f(x,y)$ 指向一侧的任意点 (x_t,y_t)，有 $f(x,y)>0$；对于 $-$**grad**$f(x,y)$ 指向一侧的任意点 (x_t,y_t)，有 $f(x,y)<0$。据此设计路径片段 p_ip_{i+1} 与障碍物是否相交的判断算法流程如下。

首先判断 $f(x_A,y_A)$ 和 $f(x_B,y_B)$ 的符号，若二者同号，则 A 点和 B 点在路径片段 p_ip_{i+1} 的同一侧；然后计算直线 AB 与路径片段 p_ip_{i+1} 的交点坐标，若交点坐标在 A 点和 B 点之间，则路径片段 p_ip_{i+1} 与障碍物相交，此时路径片段 p_ip_{i+1} 与障碍物相交判断结束，否则对障碍物的其他边进行同样的判断。

计算两直线交点坐标需要先判断交点坐标是否在障碍物上，此时需要较多的乘法和除法计算，而判断 $f(x,y)$ 的符号较简单。障碍物数量的增加可以显著减少判断路径片段与障碍物是否相交的计算量，进而提高算法的运行效率。

3）选择操作的设计

选择操作可以避免优良基因的损失，提高性能好的个体生存及繁殖的概率。本节提出的改进算法兼用轮盘赌方法和精英选择策略，传统的精英选择策略只保留适应度值大的个体，然而随着种群的不断进化，每一代适应度值大的个体的染色体几乎趋于一致，因此种群的多样性在不断降低，从而导致优良个体丢失。于是，本节借鉴 GWO 算法中灰狼等级结构的理念改进精英选择策略，每一次选择操作保留 α、β 和 δ 个体，形成图 3-12 所示的灰狼等级结构，三者的适应度关系满足式（3-14），剩余的个体为 ω，整个种群在 α、β 和 δ 个体的领导下向全局最优解进化。

$$\text{fit}_\alpha > \text{fit}_\beta > \text{fit}_\delta \tag{3-14}$$

因此，改进后的选择操作将先选择 α、β、δ 个体，直接复制到下一代，下一代中的剩余个体采用轮盘赌方法生成。

4）交叉算子的设计

交叉算子的目的是将父代优良的基因遗传到下一代，它作为改进 GA 中的核心部分，是产生新个体的主要方法，并决定了改进 GA 的全局探索能力。设计交叉算子的主要方式有基于位置的交叉、参数化均匀交叉、Non-ABEL 群交叉、部分映射交叉、单点交叉。为了提高父代优良基因在子代中的比例，采用图 3-13 所示的方式选择父代，并采用参数化均匀交叉和部分映射交叉方式来设计交叉算子。

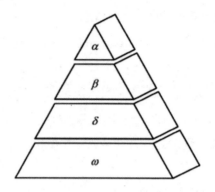

图 3-12　灰狼等级结构

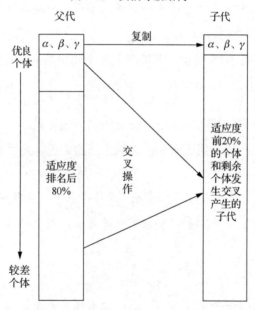

图 3-13　交叉操作中父代选择方式示意图

参数化均匀交叉方式如图 3-14 所示。参数化均匀交叉操作前父代染色体 1 有较小的目标函数值，即父代染色体 1 比父代染色体 2 包含更多的优良基因，参数化均匀交叉操作会使优良基因遗传到子代的概率较大，$\rho < 0.6$ 表示对父代染色体 1 和父代染色体 2 进行参数化均匀交叉操作后子代染色体 1 上的基因有 60% 的概率来自优良父代，参数化均匀交叉生成的子代染色体 2 被丢弃。

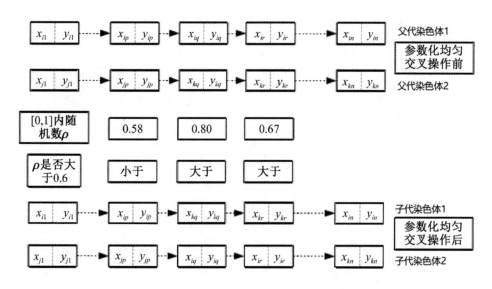

图 3-14　参数化均匀交叉方式

部分映射交叉方式如图 3-15 所示。随机产生 2 个随机数 $p,q \in [2,n-1]$，并交换染色体 i 和 j 位于 p 和 q 之间的基因片段，从而产生 2 条新染色体，从这 4 条染色体中选取目标函数值小的 2 条作为下一代。为了防止染色体上的基因聚集到一个小的邻域，交叉操作之后需要检验子代染色体上相邻基因的距离，当某 2 个基因的距离小于一定值时认为这 2 个基因重复，此时应在原来基因的邻域产生一个新的基因替换原来的基因，从而提高基因的多样性和算法的全局搜索能力。

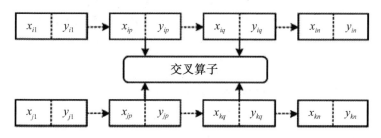

图 3-15　部分映射交叉方式

5）变异算子的设计

信息熵可以理解成离散事件出现的概率。一个系统的信息熵越高，表示系统的差异程度越高；一个系统的信息熵越低，表示系统的差异程度越低。信息熵可以看作系统差异程度的一个度量。因此，可以将一条染色体看作一个系统，用染色体的信息熵来衡量染色体上每个基因的差异程度。在改进 GA 中，染色体的信息熵决定了该个体发生交叉和变异的概率。当染色体上每个基因的差异程度较低时，交叉概率 P_c 和变异概率 P_m 变大会提高染色体基因的多样性，使染色体上的每个基因尽可能地分布在 AGV 的自由空间，防止基因聚集到一起，提高算法局部搜索能力。因此，本节设计了基于染色体信息熵的交叉概率和变异概率自适应调整算法。P_c 和 P_m 的计算公式如下。

$$P_c = P_{c\min} + \frac{P_{c\max} - P_{c\min}}{H_{\max}} H \tag{3-15}$$

$$P_m = P_{m\min} + \frac{P_{m\max} - P_{m\min}}{H_{\max}} H \tag{3-16}$$

式中，$P_{c\min}$ 和 $P_{m\min}$ 分别为最小交叉概率和最小变异概率；$P_{c\max}$ 和 $P_{m\max}$ 分别为最大交叉概率和最大变异概率；H 为一条染色体上重复的基因对数，计算公式如下。

$$H = \frac{1}{2} \sum_{i=1}^{n} \sum_{j=1}^{n} M_{ij} \tag{3-17}$$

故 $H_{\max} = n(n-1)/2$，M_{ij} 为染色体上任意 2 个基因之间的与距离相关的函数式，计算公式如下。

$$M_{ij} = \begin{cases} 1, & d(p_i, p_j) \leqslant d_{\text{thre}} \\ 0, & d(p_i, p_j) > d_{\text{thre}} \end{cases} \tag{3-18}$$

式中，$d(p_i, p_j)$ 为 2 个基因点 p_i 和 p_j 之间的距离；d_{thre} 为根据实际情况设置的阈值，当 2 个基因点之间的距离小于阈值 d_{thre} 时，则认为这 2 个基因重复，否则不重复。

$$d(p_i, p_j) = \sqrt{(x_{ki} - x_{kj})^2 + (y_{ki} - y_{kj})^2} \tag{3-19}$$

传统的变异算子生成新解的方法是随机选择一个基因，并用随机选择的基因替换原来的基因，这样做的好处在于可以维持种群多样性，但是这种方法没有考虑路径规划问题的特点，它并不能加快算法的收敛进程，也不能避免算法陷入局部极小值。故本节提出了一种新的领域变异算子，路径片段与障碍物相交的路径可分为以下 3 种情形。

（1）只有 1 个路径片段与障碍物相交，如图 3-16（a）所示。若 A 点为 AGV 的起点，则对 B 点执行邻域变异操作；若 B 点为 AGV 的目标点，则对 A 点执行邻域变异操作；若 A 点和 B 点都是一般点，则对 B 点执行邻域变异操作。

（2）2 个连续的路径片段与障碍物相交，如图 3-16（b）所示。若 A 点为 AGV 的起点，

C 点为 AGV 的目标点，或者 C 点为 AGV 的起点，A 点为 AGV 的目标点，此时对 B 点执行邻域变异操作；若 A、B、C 点都是一般点，则按图 3-16（b）所示对 A、C 点执行邻域变异操作。

（3）2 个不连续的路径片段与障碍物相交，如图 3-16（c）所示。此时不考虑 A 点和 D 点是否为 AGV 的起点和目标点，均按图 3-16（c）所示对 B、C 点执行邻域变异操作。

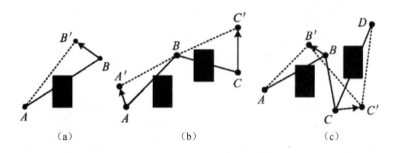

（a） （b） （c）

图 3-16 与障碍物相交的基因片段领域变异

假设 2 个路径片段分别为 $p_i p_{i+1}$ 和 $p_j p_{j+1}$，若 $j=i+1$，则 2 个路径片段被定义为连续的路径片段，如图 3-16（b）中的线段 AB 和线段 BC；若 $j > i+1$，则 2 个路径片段被定义为不连续的路径片段，如图 3-16（c）中的线段 AB 和线段 CD。当与障碍物相交的路径片段多于 2 个时，路径片段与障碍物相交的路径可以分解成图 3-16 中 3 种情形的组合，人们只需要根据不同情形执行相应的操作即可。为了保证每次随机产生的点都在自由空间内，可按式（3-20）和式（3-21）随机产生点，并判断该点是否在障碍物空间，若它在障碍物空间，则重新产生一个点，直到产生符合要求的点。

$$x = x_{\min} + \mathrm{rand}\left(x_{\max} - x_{\min}\right) \tag{3-20}$$

$$y = y_{\min} + \mathrm{rand}\left(y_{\max} - y_{\min}\right) \tag{3-21}$$

式中，rand 为一个区间[0,1]内产生均匀分布随机数的函数；$x_{\min}$ 和 $y_{\min}$ 分别为工作空间左下角点的横纵坐标，$x_{\max}$ 和 $y_{\max}$ 分别为工作空间右上角点的横纵坐标。

6）路径微调算子

基于智能优化算法求解路径规划问题的缺点是由于缺少启发式邻域搜索算子，导致在算法迭代后期，种群进化停滞使算法陷入局部极小值的概率大大增加。为此，本节给出了基于路径片段组成的三角形建立启发式邻域搜索算子以提高算法的局部开发能力，具体实现方法如下。

（1）情形 1。

路径微调算子如图 3-17 所示。图 3-17（a）所示为路径片段与障碍物相交，图 3-17（b）所示为路径片段由于转弯角度大导致路径长度过大，如下操作可使路径长度变短且避开障碍物。

B 点沿向量 $\overrightarrow{BP}$ 方向或者 $\overrightarrow{BP}$ 的反方向移动 m 个单元格之后记为 B' 点。因为向量 $\overrightarrow{BP}$ 是向量 $\overrightarrow{AC}$ 法向量的单位向量，所以 $\overrightarrow{OB'} = \overrightarrow{OB} + \left(md_{\text{grid}} \right) \overrightarrow{BP}$。设 B' 点坐标为 $(x_{B'}, y_{B'})$，即

$$x_{B'} = \text{round}\left(\left(\frac{md_{\text{grid}}\left(y_A - y_C\right)}{\sqrt{\left(x_A - x_C\right)^2 + \left(y_A - y_C\right)^2}} + x_B \right) / d_{\text{grid}} \right) d_{\text{grid}} \tag{3-22}$$

$$y_{B'} = \text{round}\left(\left(\frac{md_{\text{grid}}\left(x_A - x_C\right)}{\sqrt{\left(x_A - x_C\right)^2 + \left(y_A - y_C\right)^2}} + y_B \right) / d_{\text{grid}} \right) d_{\text{grid}} \tag{3-23}$$

式中，d_{grid} 为栅格地图中一个单元格的大小；$m = \{-N, -(N-1), \cdots, -2, -1, 1, 2, \cdots, N\}$ 为 B 点沿向量 $\overrightarrow{AC}$ 法向量方向或反方向移动的单元格数。

（2）情形 2。

在图 3-17（c）中，Q 点是线段 AC 的中点，B 点沿线段 AC 的垂线方向微调致使转弯角度进一步增大，此时 B 点需要沿 B 点与线段 AC 中点连线方向微调才能使路径长度有效缩短，其沿向量 $\overrightarrow{BP}$ 方向移动 m 个单元格之后记为 B' 点，则 $\overrightarrow{OB'} = \overrightarrow{OB} + \left(md_{\text{grid}} \right) \overrightarrow{BP}$，其中向量 $\overrightarrow{BP}$ 是向量 $\overrightarrow{BQ}$ 的单位向量。B' 点坐标的具体确定方法如下。

$$x_{B'} = \text{round}\left(\left(\frac{md_{\text{grid}}\left(\frac{(x_A + x_C)}{2} - x_B \right)}{\sqrt{\left((x_A + x_C)/2 - x_B\right)^2 + \left((y_A + y_C)/2 - y_B\right)^2}} + x_B \right) / d_{\text{grid}} \right) d_{\text{grid}} \tag{3-24}$$

$$x_{B'} = \text{round}\left(\left(\frac{md_{\text{grid}}\left(\frac{(y_A + y_C)}{2} - y_B \right)}{\sqrt{\left((x_A + x_C)/2 - x_B\right)^2 + \left((y_A + y_C)/2 - y_B\right)^2}} + y_B \right) / d_{\text{grid}} \right) d_{\text{grid}} \tag{3-25}$$

路径微调算法具体实现方式如下。

（1）在图 3-17 中，线段 AB 与线段 BC 所成角度 θ 把基因点所处范围分为 $0 \leqslant \theta \leqslant \pi/6$、$\pi/6 < \theta \leqslant \pi/3$、$\pi/3 < \theta \leqslant \pi/2$ 及 $\theta > \pi/2$。

（2）θ 越小说明该基因点处的路径片段是尖点，对此类基因执行变异操作可以显著缩短路径长度并提高路径光滑程度。因此，按优先级先处理 $0 \leqslant \theta \leqslant \pi / 6$ 的基因点，再依次处理其他范围内的基因点。

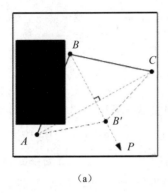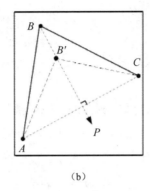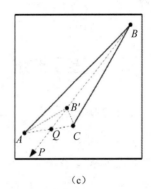

（a）　　　　　　　　　　（b）　　　　　　　　　　（c）

图 3-17　路径微调算子

7）初始解生成算法

传统的初始解生成算法是先在自由空间中随机产生 $n-2$ 个点，然后按顺序连接这 $n-2$ 个点构成一个初始解。这种算法的缺点是由于缺少启发式规则导致算法每次迭代生成的初始解离散性较大，为此本节提出了一种新的启发式规则用于生成较高质量的初始解。初始解示意图如图 3-18 所示。其中，线段 L_1、L_2、$\cdots$、L_{n-2} 垂直平分线段 $p_1 p_n$，黑色矩形为障碍物。具体实现流程如下。

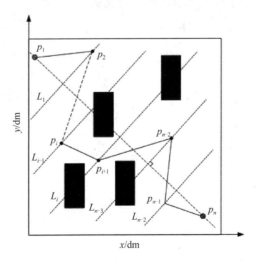

图 3-18　初始解示意图

（1）在图 3-18 所示的虚线 L_1 上均匀产生 m 个点。

（2）判断路径片段 $L_{i-1}L_i$ 是否与障碍物相交，若不相交，则把基因点 p_{i+1} 作为第 $i+1$ 个基因，否则选取使得路径片段 $L_{i-1}L_i$ 与障碍物碰撞次数最少且最短的基因点 p_{i+1} 作为第 $i+1$ 个基因。

3.3.2　基于改进 GWO 算法实现

改进 GWO 算法采用了与 3.3.1 节中相同的适应度函数计算公式、路径微调算子和初始解生成算法，不同之处在于改进 GA 中各可行解所代表的染色体在迭代过程中执行了遗传操作，而在改进 GWO 算法中，每只狼代表一个可行解，狼在整个猎物围捕阶段中位置的不断移动可视为可行解在搜索空间的优化过程。GWO 算法的标准流程分为猎物搜索阶段、猎物围捕阶段和猎物袭击阶段，前两个阶段主要是全局信息的搜索，而最后一个阶段是局部信息的挖掘。

1）猎物搜索阶段

猎物搜索阶段的示意图如图 3-19 所示。式（3-26）～式（3-29）可用于模拟狼群捕食过程中前期的围捕猎物行为。式（3-27）把 $X(t+1)$ 控制在以 $X_p(t)$ 为圆心，以 D 的模为半径的圆内，开始时 D 的模较大用于模拟狼群搜索猎物，即进入算法对解的全局搜索阶段；随着算法迭代，D 的模变小用于模拟狼群袭击猎物行为，即进入算法对解的局部搜索阶段，最后狼群捕猎结束，即算法收敛到全局最优解或局部最优解。

$$D = \left| C \cdot X_p(t) - X(t) \right| \tag{3-26}$$

式中，t 为迭代次数；$\cdot$ 为 hadamard 乘积操作；$X_p(t)$ 和 $X(t)$ 分别为猎物和狼的当前位置；C 用于调整搜索方向。

$$X(t+1) = X_p(t) + A \cdot D \tag{3-27}$$

式中，A 主要用于调整搜索半径，算法迭代前期 A 的模较大，后期则变小。

$$A = a(2r_1 - 1) \tag{3-28}$$

式中，a 随着算法迭代从 2 线性减小到 0；r_1 为随机向量，$r_1(i)$ 为区间[0,1]的随机数，其中 i 为决策变量的维数。

$$C = 2r_2 \tag{3-29}$$

式中，r_2 为随机向量，$r_2(i)$ 为区间[0,1]的随机数，其中 i 为决策变量的维数。

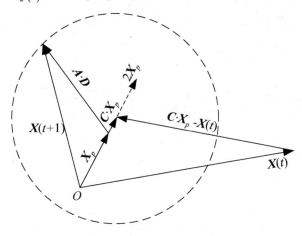

图 3-19 猎物搜索阶段的示意图

2）猎物围捕阶段

为模拟狼群围捕猎物的过程，在改进 GWO 算法中假设 α、β、δ 狼最接近猎物（最优解）。因此，在改进 GWO 算法的每一次迭代中 α、β、δ 狼都被保存下来，其他狼在它们的引导下重新调整位置，式（3-30）～式（3-36）表示其他狼在其领导下位置更新的公式。

$$D_\alpha = \left| C_1 \cdot X_\alpha(t) - X(t) \right| \tag{3-30}$$

$$D_\beta = \left| C_2 \cdot X_\beta(t) - X(t) \right| \tag{3-31}$$

$$D_\delta = \left| C_3 \cdot X_\delta(t) - X(t) \right| \tag{3-32}$$

$$X_1(t+1) = X_\alpha(t) + A_1 \cdot D_\alpha \tag{3-33}$$

$$X_2(t+1) = X_\beta(t) + A_2 \cdot D_\beta \tag{3-34}$$

$$X_3(t+1) = X_\delta(t) + A_3 \cdot D_\delta \tag{3-35}$$

$$X(t+1) = \frac{X_1(t+1) + X_2(t+1) + X_3(t+1)}{3} \tag{3-36}$$

其中，$X_\alpha(t)$、$X_\beta(t)$ 和 $X_\delta(t)$ 分别为 α、β、δ 狼的位置；$C_1(i)$、$C_2(i)$、$C_3(i)$ 为区间[0,2]的随机数；$A_1(i)$、$A_2(i)$、$A_3(i)$ 为区间[-2,2]的随机数，i 为决策变量的维数；$X(t)$ 为当前解；t 为迭代次数。猎物围捕阶段的示意图如图 3-20 所示。

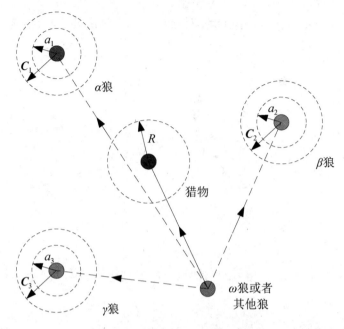

图 3-20　猎物围捕阶段的示意图

3）猎物袭击阶段

算法迭代到后期会进入收敛阶段，即猎物袭击阶段。在算法的迭代过程中，由于 a 是线性递减的，因此 $|A|$ 不断减小。当 $|A| \in [0,1]$ 时，在算法迭代后期，狼的位置可能在其当前位置和猎物之间的任何一点，如图 3-21（a）所示（袭击猎物），反之如图 3-21（b）所示（搜索猎物）。

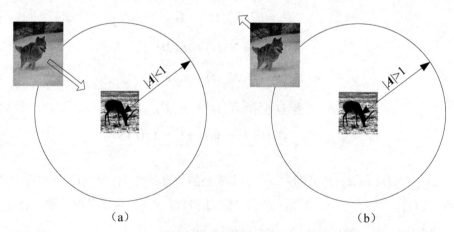

（a）　　　　　　　　　　　　（b）

图 3-21　狼袭击猎物和搜索猎物对比

4）避障算子

为使路径片段快速避开障碍物，以提高算法效率和寻优能力，人们在改进 GWO 算法中引入了图 3-22 所示的避障算子，从该图中可以看出为使路径片段 CD 避开障碍物，把 C 点沿线段 CB 方向移动到 C_1 点或者把 D 点沿线段 ED 延长线方向移动到 D_1 点即可，以 C_1 点为例说明其坐标计算方法。

$$x_{C_1} = \text{round}\left(x_B + \frac{\frac{r}{M}\left(x_C - x_B\right)}{d_{\text{grid}}}\right)d_{\text{grid}} \tag{3-37}$$

$$y_{C_1} = \text{round}\left(y_B + \frac{\frac{r}{M}\left(y_C - y_B\right)}{d_{\text{grid}}}\right)d_{\text{grid}} \tag{3-38}$$

式中，M 为避障参数（常数），可设置为 10；$r = 1, 2, \cdots, 2M$；round() 为四舍五入的取整函数。

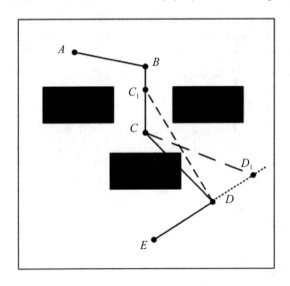

图 3-22　避障算子

5）求解路径规划问题解的修复方法及改进 GWO 算法流程图

在基于改进 GWO 算法求解路径规划问题的过程中，算法每一次迭代生成的解未必是可行解。为了提高种群中优质解的比例加快算法的收敛进程，本节给出了图 3-23 所示的染色体修复算法。GWO 算法需要初始化种群数和最大迭代次数，依靠算法寻优机制探索优化问题的解空间,逐渐向最优解收敛。但如果 α、β、δ 狼决策错误,把种群引向猎物较少的位置(局部最优解),由于 GWO 算法缺少跳出局部极小值的机制,因此随着算法迭代种群进化停滞的概率增加。对此,将 3.3.1 节中改进 GA 的变异算子引入 GWO 算法中,融合两种算法的寻优机制,可提高算法跳出局部极小值的能力。改进 GWO 算法的流程图如图 3-24 所示。

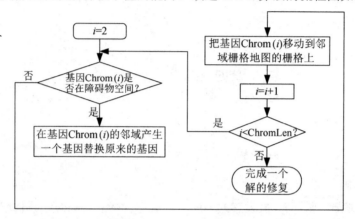

图 3-23　染色体修复算法

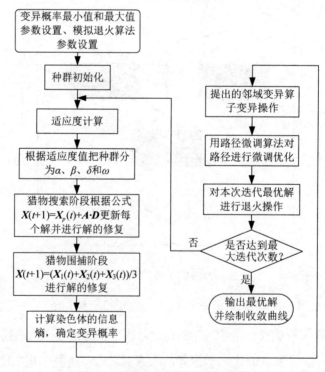

图 3-24　改进 GWO 算法的流程图

3.3.3　仿真实验结果

在本节的实验结果中，将同时展现使用改进 GA、改进 GWO 算法求解静态路径规划问题的求解效果，仿真环境中构建了 4 种不同的障碍物地图。算法参数如下：种群数量为 60 个，染色体长度为 12，迭代次数为 100，最小交叉概率 $P_{cmin}=0.7$，最小变异概率 $P_{mmin}=0.01$，最大交叉概率 $P_{cmax}=0.95$，最大变异概率 $P_{mmax}=0.1$，避障参数 $M=10$。不同算法在不同地图中规划出的路径及其在求解不同地图静态路径规划问题时目标函数的收敛曲线如图 3-25 至图 3-32 所示。

从图 3-25 至图 3-32 可以看出，当使用单种群 GA 和多种群 GA 求解静态路径规划问题时，由于其搜索能力较差很快收敛到局部极小值，而改进 GA 和改进 GWO 算法中融入了邻域变异算子，因此改进 GA 和改进 GWO 算法表现出更好的寻优能力和局部信息挖掘能力。同时，改进 GA 和改进 GWO 算法规划出的路径没有明显的尖角，这是因为路径微调算子在算法迭代的后期对路径的尖角做了微调，使改进 GA 和改进 GWO 算法相对另外 2 种算法规划出的路径更光滑。地图 B、地图 C、地图 D 较地图 A 更加复杂，从图 3-27、图 3-29 和图 3-31 可以看出，改进 GWO 算法和改进 GA 规化出的路径较优，单种群 GA 和多种群 GA 规划出的路径较长且尖角较多，且过早地收敛到局部极小值。从图 3-28、图 3-30 和图 3-32 可以看出，使用改进 GWO 算法和改进 GA 得出的目标函数的收敛曲线前期下降较快后期下降缓慢，这说明改进 GWO 算法和改进 GA 迭代前期对解空间进行了充分探索并快速锁定最优解可能存在的区域，后期依赖算法较好的局部信息挖掘能力对上述区域进行充分的邻域搜索，使种群中的个体不断聚集到最优解的邻域内，从而使算法进入收敛阶段，而单种群 GA 和多种群 GA 缺少对静态路径规划问题有感知能力的遗传算子，导致算法迭代到中后期时不能充分挖掘最优解的邻域信息，致使算法很快收敛到局部极小值。各算法在 4 种不同复杂程度地图中的路径规划结果证明了改进 GWO 算法和改进 GA 在求解复杂地图中的静态路径规划问题时，搜索能力有较大提高，并且规划出的路径比较光滑，这样有助于提高 AGV 的运行速度，以便更好地满足实际应用场景。同时可以看出，随着地图复杂程度的增加，改进 GWO 算法和改进 GA 的寻优能力优势更加明显。

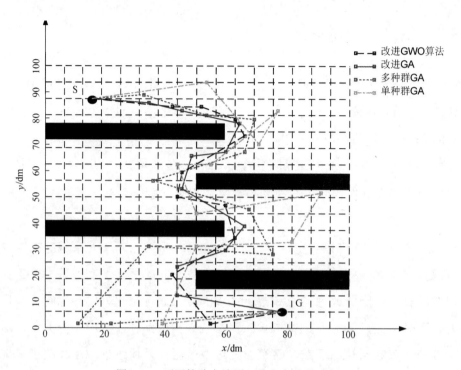

图 3-25　不同算法在地图 A 中规划出的路径

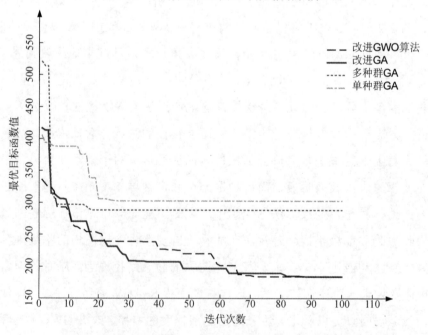

图 3-26　不同算法在求解地图 A 静态路径规划问题时目标函数的收敛曲线

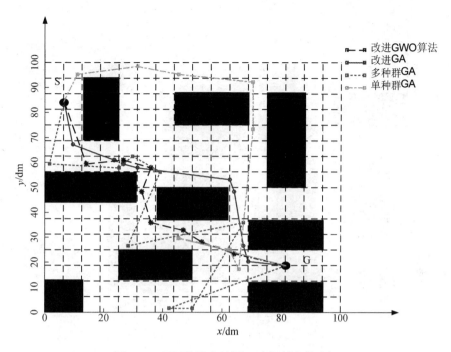

图 3-27 不同算法在地图 B 中规划出的路径

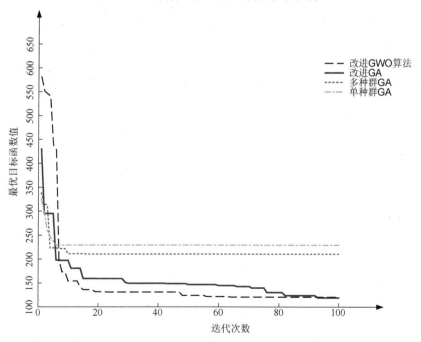

图 3-28 不同算法在求解地图 B 静态路径规划问题时目标函数的收敛曲线

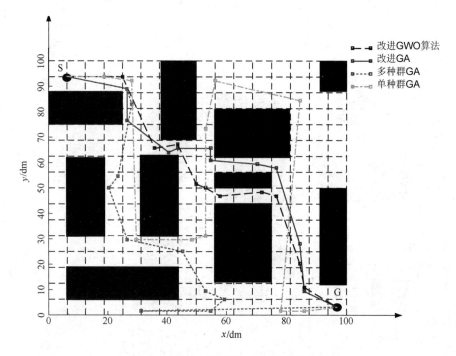

图 3-29　不同算法在地图 C 中规划出的路径

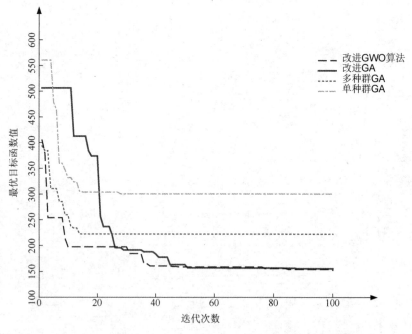

图 3-30　不同算法在求解地图 C 静态路径规划问题时目标函数的收敛曲线

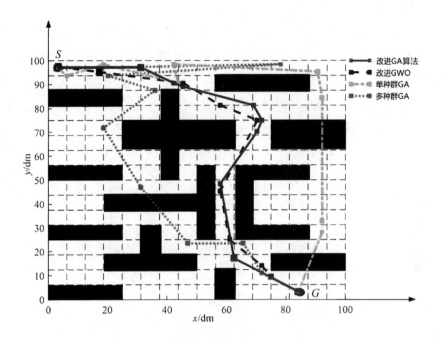

图 3-31　不同算法在地图 D 中规划出的路径

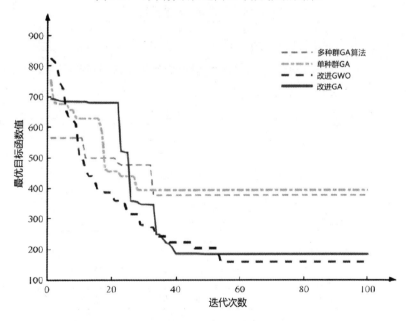

图 3-32　不同算法在求解地图 D 静态路径规划问题时目标函数的收敛曲线

多种群 GA 的结构如图 3-33 所示。与单种群 GA 相比，多种群 GA 包含了移民算子和精英种群。在算法的迭代过程中，移民算子使子种群 i 的最优解定期地移到子种群 j 中，完成子种群 i 和子种群 j 之间的信息交互。具体措施：用子种群 i 的最优解替代子种群 j 的最差解，这样意味着没有移民算子的多种群 GA 与标准 GA 无实质差别。在每一次算法迭代后，汇集每个子种群的最优个体组合成新的种群（精英种群）。与一般种群不同的是，为了避免进化进程中精英种群被破坏，精英种群不执行遗传操作。

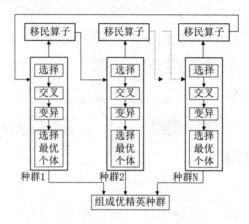

图 3-33　多种群 GA 的结构

为说明"路径片段与障碍物相交判断算法"对改进算法效率的提高能力，本节采用 4 种算法求解较复杂的地图 C 和地图 D 中的静态路径规划问题。改进的路径片段与障碍物相交判断算法效率对比如表 3-1 所示。从表 3-1 中可以看出，改进的算法可将算法效率提高约 30%。算法效率的提高有助于提高 AGV 的避障性能和运行速度，进而提高生产系统中 AGV 运输和调度物料的效率。

表 3-1　改进的路径片段与障碍物相交判断算法效率对比

算法	地图 C		地图 D	
	改进前/s	改进后/s	改进前/s	改进后/s
改进 GWO 算法	40.2	27.5	48.6	32.4
改进 GA	45.9	30.1	49.3	34.1
多种群 GA	32.7	23.4	38.9	26.4
单种群 GA	30.5	22.6	36.1	24.7

为更加全面证明改进 GWO 算法求解静态路径规划问题的优化能力，选取较复杂的地图 D 为优化对象，在同一种群数量下，每种算法对同一个地图求解 30 次。不同种群数量及算法优化出的路径对比如表 3-2 所示。优化过程中除种群数量外其他参数与上文所设一致。通过

对比可以看出，当种群数量太小时，由于其不能对优化空间提供足够多的信息导致算法早熟，随着种群数量的增加，种群对解空间有了充分地覆盖，算法的搜索能力也不断提高。在种群增加到一定数量后，算法的寻优能力也趋于稳定。当种群数量为 60~70 个时，算法的综合性能较优，随着种群数量的继续增加算法的寻优能力变化较小，但是计算耗时增加较快，因此种群数量设置为 60~70 个比较合适。从表 3-2 可以看出，在不同种群数量下，改进 GWO 算法优化出的最优解、最差解和平均解均优于改进 GA，进一步分析最优解和最差解的差值可以看出改进 GWO 算法优化出的结果离散性更小，这说明改进 GWO 算法有更好的稳定性。对表 3-2 及地图 A、B、C 和 D 的路径规划结果进行进一步分析可以证明，随着地图复杂度增加，改进 GWO 算法的寻优能力和算法效率均优于其他算法。由于 AGV 实际的运行环境充满较多动态性、不确性，因此有较强寻优能力和较高算法效率的改进 GWO 算法有助于提高 AGV 的运行效率和安全性。

表 3-2　不同种群数量及算法优化出的路径对比

种群数量/个	解	算法			
		改进 GWO 算法	改进 GA	多种群 GA	单种群 GA
30	最优解	240.8	251.2	435.3	447.2
	最差解	247.2	268.3	449.7	458.8
	平均解	242.3	257.9	440.4	451.1
40	最优解	226.2	232.9	423.7	429.4
	最差解	231.5	249.3	438.9	443.7
	平均解	228.4	238.5	431.3	436.1
50	最优解	198.3	210.7	402.1	412.8
	最差解	202.7	224.8	412.7	426.1
	平均解	200.6	219.4	408.9	417.3
60	最优解	158.7	184.1	385.4	398.9
	最差解	165.9	201.6	425.8	431.7
	平均解	161.3	189.5	402.7	416.3
70	最优解	157.5	182.6	382.9	396.1
	最差解	160.4	188.7	412.5	418.8
	平均解	158.9	186.2	401.3	405.7
80	最优解	157.3	179.9	381.1	394.3
	最差解	160.1	187.3	409.6	417.5
	平均解	158.4	184.7	398.5	402.7
90	最优解	157.2	179.1	379.9	391.4
	最差解	159.7	186.8	405.1	412.8
	平均解	157.9	182.7	392.2	398.3

3.4 单目标动态路径规划

3.4.1 基于改进邻域搜索算子的 GA 实现

1）路径光滑处理算法

在动态路径规划中，AGV 从起点开始按一定速度沿规划好的路径运动，但是在先前动态规划过程中，每一代中的最优染色体对应的路径可能会有很多尖角，导致最终规划出的路径也存在很多尖角，因此本节提出的算法在 3.3 节改进 GA 的基础上，针对动态路径规划问题的特性加入了路径光滑处理算法，使完善后的改进 GA 能更好地求解动态路径规划问题。路径光滑处理算法如图 3-34 所示。

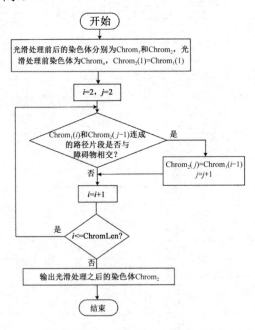

图 3-34 路径光滑处理算法

2）模拟退火邻域搜索算子

模拟退火算法是一种对单个解进行搜索的算法，该算法的名称和思想源于金属加工的退火过程。模拟退火算法开始运行时仅选择一个可行解,按一定的邻域解生产算法在当前解的邻域产生一个新解,并根据 Metropolis 准则决定新解的取舍,其基本流程如图 3-35 所示,涉及的主要问题有温度管理、退火速度、初始温度和新解的接受准则。

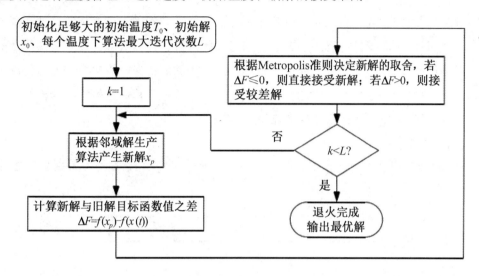

图 3-35　模拟退火算法的基本流程

（1）退火策略。

$$T(t+1) = \lambda T(t) \tag{3-39}$$

式中,$\lambda \in (0,1)$;t 为算法的迭代次数。λ 设置的范围可以保证随着算法的不断迭代温度逐渐降低。

（2）新解的接受准测。

$$x(t+1) = \begin{cases} x_p, & \exp(-\Delta F/T) > \text{rand} \\ x(t), & \text{otherwise} \end{cases} \tag{3-40}$$

式中,rand 为区间[0,1]的随机数;$\Delta F = f(x_p) - f(x(t))$,为新生成的候选解和上一步迭代之后解的目标函数值之差;x_p 为根据一定邻域解生产算法产生的新解。若 $\Delta F \leq 0$,则 $\exp(-\Delta F/T) > 1$,故 $x(t+1) = x_p$;反之,若 $\Delta F > 0$,则 $\exp(-\Delta F/T) < 1$,$x(t+1)$ 以一定概率等于 x_p,说明接受了较差解,是对传统贪婪策略的改进。到算法迭代的后期,随着温度的不断降低,较差解被接受的概率变得很小,保证了后期算法的收敛性,这样就平衡了算法前期的搜索能力和后期的信息挖掘能力。

按以下步骤确定模拟退火算法的最大迭代次数。

（1）设置初始温度为 T_0，最终温度为 T_{end}，$\lambda = 0.95$。

（2）最大迭代次数 $\text{IterMax} = \text{ceil}\left(\lg\left(T_{end}/T_0\right)/\lg\left(\lambda\right)\right)$，ceil() 为向上取整函数。

邻域搜索算子的设计是有效发挥模拟退火算法寻优能力的前提，如果邻域搜索算子设计得不好，那么算法不能挖掘到有用解的邻域信息，既浪费了计算资源又没有提高算法的寻优能力。一种好的邻域搜索算子应该能充分挖掘有用解的邻域信息，提高算法的寻优能力。邻域搜索算子设计的原则是尽可能多的挖掘有用解的邻域信息，提高对解空间的挖掘性能，对此问题，人们设计了以下四种领域搜索算子。

（1）两点交换算子。

随机生成两个数 p 和 q，$p,q \in \{2,3,\cdots,n-1\}$，并交换 p 和 q 的基因得到新的子代，如图 3-36 所示。

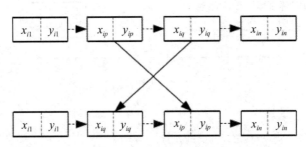

图 3-36　两点交换算子

（2）随机插入算子。

随机选择一个基因，并判断这个基因可插入的位置，把该基因插入某个位置并保持其他基因的相对顺序不变，使得这条染色体所对应的目标函数值最小。随机插入算子如图 3-37 所示，把基因 p 插入位置 q 使父代 i 的目标函数值变小，同时得到了优质的子代。

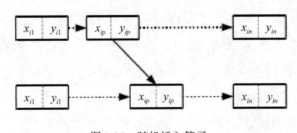

图 3-37　随机插入算子

（3）逆序算子。

随机产生两个数 p 和 q，并令它们之间的基因顺序变成原来的逆序，若新的染色体优于旧的染色体，则接受新的染色体，否则将其丢弃。

（4）随机打乱算子。

随机选择若干个基因，并把这几个基因随机打乱得到新的染色体，若新的染色体优于旧的染色体，则接受新的染色体，否则将其丢弃。随机打乱算子如图 3-38 所示，随机选择 p、q 和 r 基因，并随机打乱三个基因在染色体中的顺序，进而得到新的染色体。

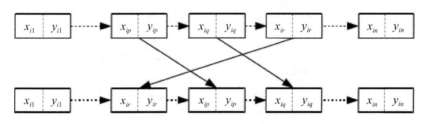

图 3-38　随机打乱算子

本算法中设计的邻域解生成流程如图 3-39 所示。基于改进邻域搜索算子的 GA 实现的动态路径规划流程如图 3-40 所示。

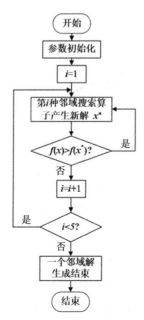

图 3-39　本算法中设计的邻域解生成流程

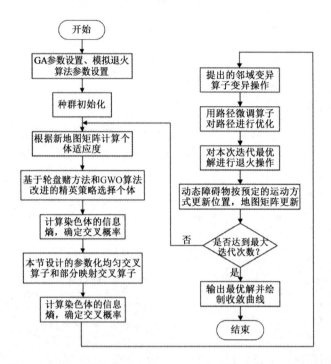

图 3-40　基于改进邻域搜索算子的 GA 实现的动态路径规划流程

3）动态地图设置及实验结果

（1）实验场景 1。

直线单向运动动态障碍物建模。

第 i 个动态障碍物 $\mathrm{Ob}_i = [x_i, y_i, \mathrm{Width}_i, \mathrm{Height}_i]$，其中 (x_i, y_i) 为 Ob_i 左下角坐标，Width_i 和 Height_i 分别为其宽度和高度。在算法迭代到第 t 次时，Ob_i 的左下角纵坐标为

$$y_{it} \frac{t - \mathrm{IterMax} / \rho}{1 - \mathrm{IterMax} / \rho} y_{\min} + \frac{t - 1}{\mathrm{IterMax} / \rho - 1} y_{\max} \tag{3-41}$$

式中，$y_{\min}$ 和 $y_{\max}$ 分别为算法迭代开始和结束时 Ob_i 左下角的纵坐标；$\mathrm{IterMax}$ 为最大迭代次数；$\rho \geqslant 1$ 为控制 Ob_i 移动速度的参数，其值越小表明动态障碍物移动速度越快；t 为当前迭代次数。

建立图 3-41 所示的动态地图，在实验场景 1 中将 ρ 设为 1，表示算法迭代 100 次时动态障碍物从 $y_{\min}$ 运动到 $y_{\max}$ 或从 $y_{\max}$ 运动到 $y_{\min}$，算法中其他参数设置与上文静态路径规划实验中保持一致。在图 3-41 中，靠近 y 轴的 2 个大矩形为静态障碍物，其余 3 个小矩形为动态障碍物，分别记为 Ob_g、Ob_b 和 Ob_r，Ob_g、Ob_b 沿 y 轴负方向运动，Ob_r 沿 y 轴正方向运动，

S 和 G 分别表示 AGV 运动的起点和终点。本节将使用改进邻域搜索算子的 GA 求解此动态环境下的路径规划问题。实验场景 1 的路径规划结果如图 3-41 所示，其路径规划的目标函数收敛曲线如图 3-42 所示。从图 3-41 中可以看出，当算法迭代 15 次左右时，动态障碍物还没影响规划好的路径，即图 3-42 中虚线 AB 的左侧区域相当于静态路径规划，在此迭代过程中算法快速搜索到最优解，当算法迭代 15 到 20 次左右时，动态障碍物开始影响规划好的路径，此时算法需要对路径进行再次规划，虚线 AB 的右侧区域都是动态路径规划。在设计目标函数时，人们引入了惩罚因子，本次实验设定惩罚因子为 200，即路径上有一个路径片段与障碍物碰撞，目标函数值增加 200。从图 3-42 中可以看出，在动态路径规划过程中，目标函数值波动幅度 $\Delta f(x) < 200$，这说明该路径规划过程的最优路径始终没有与障碍物碰撞，也证明了本章提出的改进邻域搜索算子的 GA 在求解动态环境下的路径规划问题时有很好的寻优能力和避障性能，能满足实际生产车间和物流系统的应用。

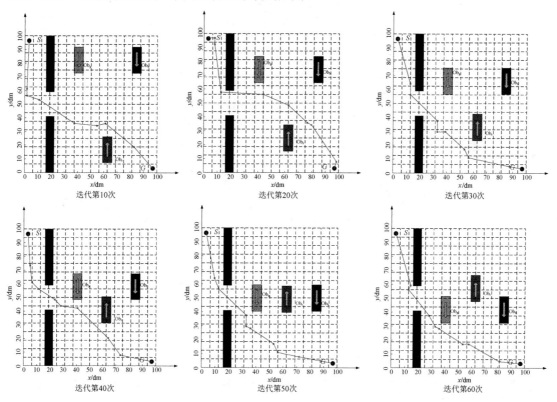

图 3-41　实验场景 1 的路径规划结果

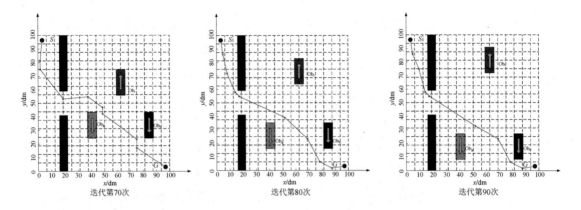

图 3-41　实验场景 1 的路径规划结果（续）

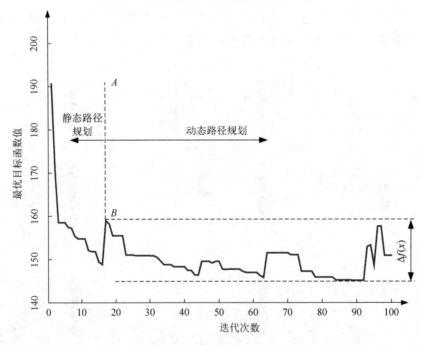

图 3-42　实验场景 1 的路径规划的目标函数收敛曲线

（2）实验场景 2。

建立图 3-43 所示的动态地图，图 3-43 中的圆就是障碍物 Ob_g 做圆周运动时障碍物中心的轨迹，靠近 y 轴的 2 个大矩形为静态障碍物，其余 3 个小矩形为动态障碍物，分别记为 Ob_g、Ob_b 和 Ob_r，它们在算法迭代过程中一直在运动。其中，Ob_g 做圆周运动，Ob_b 和 Ob_r 沿 y 轴方向做直线运动。Ob_b 的纵坐标 y_b 从 y_{max} 线性递减到 y_{min}，此时 Ob_g 刚好转一周，而 Ob_r 的纵

坐标 y_r 从 y_{min} 线性增加到 y_{max}。Ob$_g$ 在算法迭代过程中做一次圆周运动（共转 2 周），另外 2 个动态障碍物会往复运动一次回到出发点。

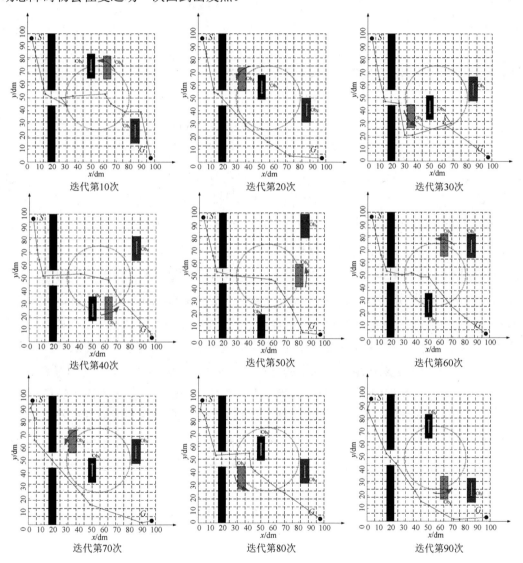

图 3-43　实验场景 2 的路径规划结果

做直线运动的动态障碍物的位置用如下公式表示。

$$y_{it} = y_{max} - \frac{y_{max} - y_{min}}{x_{max} - x_{min}}|t - t_{max}| \left(0 \leqslant t \leqslant t_{max}\right) \tag{3-42}$$

式中，y_{it} 为动态障碍物在算法迭代 t 次后左下角的纵坐标；t_{max} 为做圆周运动的动态障碍物转动 2 周时的迭代次数，当 $t > t_{max}$ 时，有

$$t = t - \text{floor}\left(\frac{t}{t_{max}}\right) t_{max} \tag{3-43}$$

式中，$t_{max} = 2T_{max}/\rho$，ρ 为调整动态障碍物移动速度的参数。

做圆周运动的动态障碍物的位置用如下公式表示。

$$x_{Qt} = x_C + |CP|\cos\left(\frac{2\pi t \rho}{\text{IterMax}}\right) - \frac{\text{Width}_i}{2} \tag{3-44}$$

$$y_{Qt} = y_C + |CP|\sin\left(\frac{2\pi t \rho}{\text{IterMax}}\right) - \frac{\text{Height}_i}{2} \tag{3-45}$$

式中，C 为动态障碍物在圆周运动过程中圆的圆心；x_C 为动态障碍物在圆周运动过程中圆心的横坐标；P 为动态障碍物的中心；Q 为动态障碍物左下角的点。

本次实验沿用上节参数设置并取 $\rho = 2$，表示算法迭代 100 次时做圆周运动的动态障碍物转 2 周，做直线运动的动态障碍物往复运动 1 次。实验场景 2 的路径规划的目标函数收敛曲线如图 3-44 所示。从图 3-44 中可以看出，虚线 AB 左侧区域相当于静态路径规划，因为当算法迭代 20 次左右时，动态障碍物还没影响规划好的路径，在该迭代过程中算法能很快收敛到最优解。虚线 AB 附近突然出现一个向上的脉冲，说明动态障碍物开始影响规划好的路径，算法需要对路径进行再次规划，此后目标函数值在一定的区间波动，因为本次实验设定惩罚因子为 200，由图 3-43 可知目标函数值波动幅度 $\Delta f(x) < 200$，所以该路径规划过程中的路径没有与障碍物碰撞。通过复杂动态环境路径规划仿真测试可以证明改进领域搜索算子的 GA 在求解 AGV 复杂动态 GPP（Global Path Planning，全局路径规划）领域有很好的性能。

（3）实验场景 3。

假设 S_0 为 AGV 运动的起点，S_1 为运动过程中的 AGV。AGV 从起点开始沿规划好的路径运动，算法如下。

代表某条路径的染色体的表示如下。

$$\text{Chrom} = \begin{bmatrix} x_1 & x_2 & \dots & x_i & \dots & x_n \\ y_1 & y_2 & \dots & y_i & \dots & y_n \end{bmatrix} \tag{3-46}$$

式中，(x_1, y_1) 和 (x_n, y_n) 分别为 AGV 的起点和终点；n 为染色体的长度；(x_i, y_i) 为路径上的其余点。

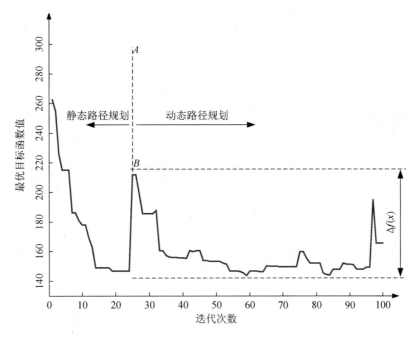

图 3-44　实验场景 2 的路径规划的目标函数收敛曲线

染色体的路径片段累计长度表示如下。

$$\mathrm{ChromLenCum}(k)=\begin{cases}\displaystyle\sum_{i=1}^{k}\sqrt{\left(x_i-x_{i-1}\right)^2+\left(y_i-y_{i-1}\right)^2}, & k=2,3,\cdots,n \\[2mm] 0 & ,\ k=1\end{cases} \tag{3-47}$$

假设算法每迭代一次 AGV 运动的路程为 ΔL，则此时 AGV 的坐标按下式计算。

$$x_1'=x_{p-1}+\left(x_p-x_{p-1}\right)\frac{\Delta L-\mathrm{ChromLenCum}(p-1)}{\mathrm{ChromLenCum}(p)-\mathrm{ChromLenCum}(p-1)} \tag{3-48}$$

$$y_1'=y_{p-1}+\left(y_p-y_{p-1}\right)\frac{\Delta L-\mathrm{ChromLenCum}(p-1)}{\mathrm{ChromLenCum}(p)-\mathrm{ChromLenCum}(p-1)} \tag{3-49}$$

式中，$\left(x_1',y_1'\right)$ 为 AGV 从起点开始沿规划好的路径运动 ΔL 后的坐标，相应计算公式如下。

$$\mathrm{ChromLenCum}(p-1)\leqslant\Delta L\leqslant\mathrm{ChromLenCum}(p) \tag{3-50}$$

在本次实验中，动态路径规划参数除新增 ΔL 外，其他参数同实验场景 2 的动态路径规划一致，算法共迭代 100 次，每迭代 10 次取出当前迭代的路径规划结果绘制动态路径规划过程，如图 3-45 所示，$S_0\sim S_1$ 的路径是算法迭代过程中 AGV 运动的轨迹，其他路径及箭头含义与实验场景 2 的动态路径规划相同。基于改进 GA 的初始点运动的动态路径规划流程如图 3-46 所示。实验场景 3 的路径规划的目标函数收敛曲线如图 3-47 所示。

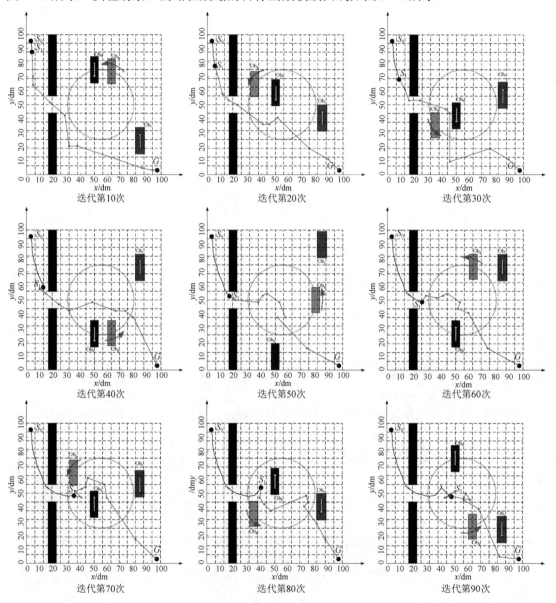

图 3-45　实验场景 3 的路径规划结果

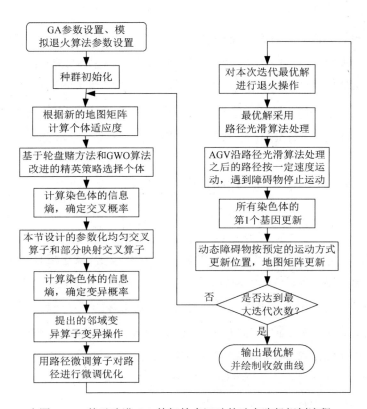

图 3-46　基于改进 GA 的初始点运动的动态路径规划流程

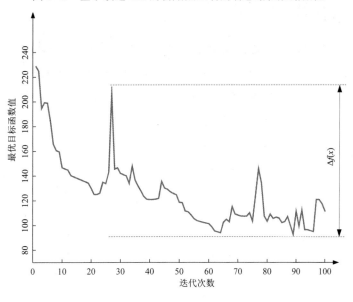

图 3-47　实验场景 3 的路径规划的目标函数收敛曲线

113

与静态路径规划的目标函数收敛曲线相比，图 3-47 所示的目标函数收敛曲线中出现很多尖峰点。尖峰点是规划好的路径受到动态障碍物的影响使算法动态调整的结果。从图 3-47 中可以看出，目标函数值波动幅度 $\Delta f(x) < 200$，因为本次实验设定的惩罚因子为 200，所以在此动态路径规划过程中最优路径始终没有与障碍物相交。由此可得改进 GA 在包含动态障碍物的环境中，以及在 AGV 动态运动的情况下，有很好的寻优能力和实时的避障性能。

3.4.2 基于改进 Q-Learning 算法实现

在传统 Q-Learning 算法中，Q 表的初始值通常都设置为 0 或随机值，这样会使 Q 表的初始值与环境信息毫不相干，将 AGV 置于一个毫无先验知识的环境中进行试错学习，无疑会导致算法出现收敛速度慢、效率低下的问题。此外，动作集的不合理设定可能会导致 AGV 在运动过程中出现不必要的转弯，严重情况下可能出现震荡重复的现象。针对传统 Q-Learning 算法的固有问题，本节提出了一种改进 Q-Learning 算法来实现动态路径规划，在 Q 表的初始化过程中融合了人工势场法对动态环境的实时响应，针对栅格地图的路径规划问题改进了状态集、动作集和奖罚函数的设计，并在每回合的学习过程中实时更新环境信息，最终使动态路径规划过程更加高效和实时。

1）人工势场法的原理

Khatib[15]提出的人工势场法是将磁场加到整个环境空间中并将 AGV 置于一个虚拟力场中，赋予 AGV 和障碍物极性。在该力场中，障碍物有着与 AGV 相反的极性，而目标点处的极性与 AGV 相同，从而可以以目标点为零势能点构造势能场。与物理学中"同性相斥，异性相吸"的理论相同，目标点会对 AGV 产生引力，障碍物会对 AGV 产生斥力，且引力的大小与距离呈正相关，斥力的大小与距离呈负相关，AGV 所受合力方向与其运动方向一致，最终 AGV 能有效避开障碍物到达零势能点。引力势能和斥力势能的计算公式如下。

$$U_{\mathrm{att}}(q) = \frac{1}{2}\xi\rho^2(q, q_{\mathrm{aim}}) \tag{3-51}$$

$$U_{\mathrm{rep}}(q) = \begin{cases} \dfrac{1}{2}\eta\left(\dfrac{1}{\rho(q, q_{\mathrm{ob}})} - \dfrac{1}{\rho_0}\right)^2, & \rho(q, q_{\mathrm{ob}}) \leqslant \rho_0 \\ 0, & \rho(q, q_{\mathrm{ob}}) > \rho_0 \end{cases} \tag{3-52}$$

式中，ξ 和 η 分别为引力增益和斥力增益；$\rho(q, q_{\text{aim}})$ 为当前位置与目标点之间的距离；$\rho(q, q_{\text{ob}})$ 为当前位置与障碍物之间的距离；ρ_0 为障碍物所能影响到的最大距离。AGV 在当前位置的势能大小即 $U_{\text{att}}(q)$ 与 $U_{\text{rep}}(q)$ 求和的结果，即

$$U(q) = U_{\text{att}}(q) + U_{\text{rep}}(q) \tag{3-53}$$

对式（3-51）求导即可得到引力的大小，而引力的方向则是沿着引力势能函数的负梯度方向，因为该方向上的函数值下降最快。同理也可得斥力的大小和方向，其计算公式如下。

$$F_{\text{att}}(q) = -\xi\rho(q, q_{\text{aim}}) \tag{3-54}$$

$$F_{\text{rep}}(q) = \begin{cases} \eta\left(\dfrac{1}{\rho(q, q_{\text{ob}})} - \dfrac{1}{\rho_0}\right)\dfrac{1}{\rho^2(q, q_{\text{ob}})}\mathbf{grand}\rho(q, q_{\text{ob}}), & \rho(q, q_{\text{ob}}) \leqslant \rho_0 \\ 0 & , \rho(q, q_{\text{ob}}) > \rho_0 \end{cases} \tag{3-55}$$

人工势场法的示意图如图 3-48 所示。其中，F_A 和 F_B 分别为 AGV 在当前位置受到来自障碍物 A 和障碍物 B 的斥力，而目标点对当前位置 AGV 的引力则用 F' 来表示，三者的合力为 F。

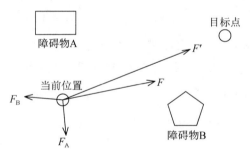

图 3-48 人工势场法的示意图

2）改进人工势场法初始化 Q 表

人工势场法计算方便简单，实时性也能得到保证，适用于解决局部路径规划问题，所规划出的路径一般较光滑，但它在使用过程中存在以下三个需要解决的问题。

（1）若 AGV 在某空间位置上所受的合力为零，则 AGV 会停滞不前或处于震荡状态。

（2）若设置的目标点位于障碍物附近，则说明 AGV 在逐渐逼近目标点的过程中也会离障碍物越来越近，此时斥力在不断上升而引力却在不断下降，当斥力超过引力后就会出现目标点不可达问题。

（3）当 AGV 离目标点较远时，所受引力较大，而斥力较小，则有可能撞上周围障碍物。

另外，即使人工势场法能够成功规划出一条连接起点到终点的光滑路径，也无法保证此路径就是全局最优的，使用人工势场法易陷入局部最优解。尽管已有较多学者对人工势场法进行了一定程度的改进，但其仍无法很好地克服上述问题。本节针对标准的势能计算公式进行如下改进。

$$U_{att}(q) = \begin{cases} \dfrac{1}{2}\xi\rho^2(q,q_{aim}), & \rho(q,q_{aim}) \leqslant d_1 \\ d_1\xi\rho(q,q_{aim}) - \dfrac{1}{2}\xi d_1^2, & d_1 < \rho(q,q_{aim}) \leqslant d_2 \\ 2d_1\sqrt{d_2}\xi\rho^{\frac{1}{2}}(q,q_{aim}) - \xi d_1 d_2 - \dfrac{1}{2}\xi d_1^2, & \rho(q,q_{aim}) < d_2 \end{cases} \tag{3-56}$$

$$U_{rep}(q) = \begin{cases} \dfrac{1}{2}\eta\left(\dfrac{1}{\rho(q,q_{obs})} - \dfrac{1}{\rho_0}\right)^2 \rho^n(q,q_{aim}), & \rho(q,q_{ob}) \leqslant \rho_0 \\ 0, & \rho(q,q_{ob}) > \rho_0 \end{cases} \tag{3-57}$$

其中，d_1 和 d_2 为距离参数，n 为一个正数，n 越大，表明 AGV 与目标点之间的距离对斥力势能的拖拽程度越大，n 可以设为 1。在改进势能计算公式前，引力势能的大小呈指数型增长，增长速度加快，在改进势能计算公式后，当 AGV 与目标点之间的距离介于 d_1 和 d_2 之间时，引力势能呈线性增长，当 AGV 与目标点之间的距离超出 d_2 时，引力势能的增长速度会放缓，因此解决了 AGV 离目标点太远而导致引力过大的问题。此外，还有效地减小了 AGV 靠近目标点处障碍物时的斥力势能，在一定程度上解决了目标点不可达问题。

在 Q-Learning 算法中，AGV 通常会向以较大的概率选择 Q 值最大的方向移动，在人工势场法中，目标点是势能最低点，为使用势能来初始化 Q 表，可对势能取倒数，初始化 Q 值的计算公式如下。

$$Q(s,a) = r + \gamma V(s) = r + \gamma \frac{\mu}{U(s)+1} \tag{3-58}$$

式中，$V(s)$ 为状态 s 下的价值函数；$U(s)$ 为状态 s 所对应的势能；μ 为比例因子，其大小应根据具体环境进行调整，从而确保初始化的 Q 值在合理范围内。

3）状态集和动作集的设计

处于栅格地图中的 AGV，为了实现避障需要充分考虑周围障碍物的位置信息，同时由于 AGV 处于连续运动的过程中，因此其必然有着运动的方向性。为确保算法能更快地规划出 AGV 的路径，同时使 AGV 避免不必要的转弯，在设计状态集时不仅要考虑 AGV 的位置信息，还要考虑 AGV 的运动方向，故状态集可定义为 $s = (s_p, s_d)$，s_p 为 AGV 所在的位置，s_d 为 AGV 的运动方向。s_d 的具体描述如下。

$$s_d = \begin{cases} 0, & \text{上} \\ 1, & \text{下} \\ 2, & \text{右} \\ 3, & \text{左} \end{cases} \tag{3-59}$$

人们限定 AGV 的动作只能沿着上、下、左、右方向前进一步，即 AGV 的运动步长保持为一个栅格/单位时间，故动作集可定义为

$$a = \begin{cases} 0, & \text{上} \\ 1, & \text{下} \\ 2, & \text{右} \\ 3, & \text{左} \end{cases} \tag{3-60}$$

假设栅格地图的大小为 nm，则状态集中的状态总数为 $4nm$，而 Q 表的大小为 $(4nm) \times 4$。

4）奖罚函数的设计

奖罚函数是环境给 AGV 在某状态下执行一定动作后的回报，当回报值为正数时称之为奖励，当回报值为负数时称之为惩罚。回报值的大小表明了设计者对 AGV 执行动作的期望程度。奖罚函数需要适用不同的应用场景，因此它并没有一个固定的公式，通常需要人为设计。在本算法中，人们期望 AGV 能避开障碍物，并向着目标点不断移动，为增加路径光滑程度，使 AGV 倾向于选择方向与原运动方向一致的动作，同时也要避免 AGV 回退到上一步的位置，因此奖罚函数可设计为

$$r(s_p, s_d, a) = \begin{cases} +5, & s_p \text{为目标点} \\ -5, & s_p \text{为障碍物或超出边界} \\ r'(s_d, a), & \text{otherwise} \end{cases} \tag{3-61}$$

$$r'(s_d,a)=\begin{cases}0, & s_d=a \\ -0.5, & s_d+a=1\,\text{or}\,5 \\ -0.1, & \text{otherwise}\end{cases} \qquad (3\text{-}62)$$

由于初始状态下 s_d 的数值未知，因此初始状态下的回报值可设为 0。当 AGV 到达目标点时，给予+5 的奖励；当 AGV 触碰到障碍物或超出边界时，给予-5 的惩罚；当 AGV 下一步的动作方向与原先的运动方向一致时，不奖励也不惩罚；当 AGV 下一步的动作方向与原先的运动方向相反时，给予-0.5 的惩罚，否则给予-0.1 的惩罚。奖罚函数对照表如表 3-3 所示。

表 3-3　奖罚函数对照表

s_d	a	奖罚值	动作与方向夹角
0	0	0	0°
	1	−0.5	180°
	2	−0.1	90°
	3	−0.1	90°
1	0	−0.5	180°
	1	0	0°
	2	−0.1	90°
	3	−0.1	90°
2	0	−0.1	90°
	1	−0.1	90°
	2	0	0°
	3	−0.5	180°
3	0	−0.1	90°
	1	−0.1	90°
	2	−0.5	180°
	3	0	0°

5）算法流程的实现

图 3-49 所示为改进 Q-Learning 算法的流程图。该算法的详细实现步骤如下。

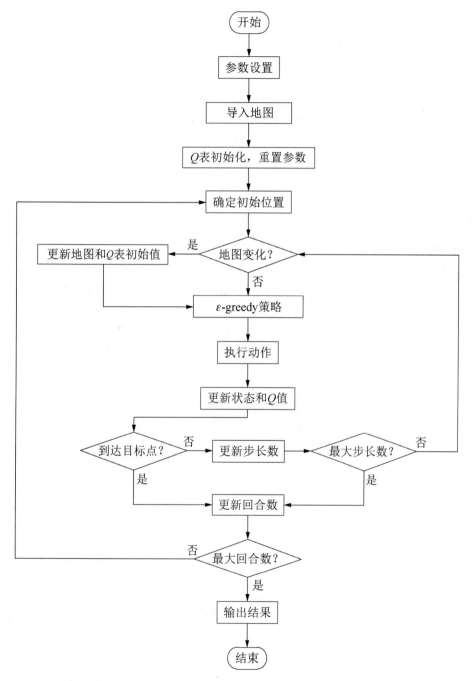

图 3-49　改进 Q-Learning 算法的流程图

（1）设置参数 ξ、d_1、d_2、η、ρ_0、α、γ、ε 和 μ 的数值，以及最大回合数 $\text{episode}_{\max}$ 和最大

步长数 k_{max}，以防算法陷入死循环。

（2）导入地图，基于改进的人工势场法初始化 Q 表，重置回合数与步长数。

（3）记录当前回合数，确定 AGV 初始位置。

（4）记录当前步长数，判断地图是否发生改变，是则跳到第（5）步，否则跳到第（6）步。

（5）更新地图和对应 Q 表初始值。

（6）基于当前位置 s_p，从 Q 表中使用 ε-greedy 策略选择动作 a。

（7）执行动作 a，得到下一个状态 s' 和当前的奖励 r。

（8）重复使用 ε-greedy 策略，得到状态 s' 下的奖励 a'。

（9）更新状态和价值函数，计算 Q 表中 Q 值并更新 Q 表。

（10）判断状态 s 中的 s_p 是否为目标点，是则跳到第（12）步，否则跳到第（11）步。

（11）$k \leftarrow k+1$，判断是否达到最大步长数，是则跳到第（12）步，否则跳到第（4）步。

（12）episode $\leftarrow$ episode $+1$，判断是否达到最大回合数，是则跳到第（13）步，否则跳到第（3）步。

（13）输出最终结果。

6）实验分析

根据经验，设置引力增益 $\xi = 10$，斥力增益 $\eta = 5$，折扣率 $\gamma = 0.9$，学习率 $\alpha = 0.2$。其余参数的设置需要充分考虑地图的规模，假设栅格地图的大小为 nm，则令 $\rho_0 = 0.2\sqrt{nm}$，$d_1 = 1.5\sqrt{nm}$，$d_2 = 3\sqrt{nm}$，比例因子 $\mu = 4\sqrt{nm}$，最大步长数 $k_{max} = nm$，最大回合数 episode$_{max}$ 的计算公式如下。

$$\text{episode}_{max} = \left[\frac{(nm)^2}{12500} \right] \times 100 \tag{3-63}$$

符号 $[\ ]$ 表示向上取整，ε-greedy 策略是一种用于决策的策略，意味着智能体从 Q 表中选择动作时，并没有直接贪婪地选择 Q 值最大的动作，而仅以 ε 的概率去选择，其余情况下则随机地选择下一步动作。ε-greedy 策略维持了智能体在空间中探索与利用的平衡，探索就是智能体对动作进行随机选择，虽然会牺牲一些眼前利益，但有利于形成新的搜索方向，避免算法在局部最优中越陷越深，从而提高整体利益；利用就是智能体贪婪选择动作，更加重视眼前利益，有利于加快算法的整体收敛速度。在回合数较少时，由于智能体对环境的了解程度很低，应当采用略小的 ε，重视智能体对环境的探索，而随着回合数逐渐增加，智能体对环境的了解程度也逐渐加深,应当采用较大的 ε ,重视智能体对已知环境的利用,因此随着当前回合数自适应变化的 ε 的设置如下。

$$\varepsilon = 0.8 + 0.15 \times \frac{\text{episode}}{\text{episode}_{\text{max}}} \tag{3-64}$$

即 ε 在 0.8~0.95 之间线性递增。

为验证改进 Q-Learning 算法的有效性,此处将改进 Q-Learning 算法与文献[16]中的 Q-Learning 算法(为便于叙述,将其记为 Sichkar's Q-Learning 算法)进行测试和对比。由于 Sichkar's Q-Learning 算法仅适用于静态环境下路径规划问题的求解,因而首先在静态环境下对比 2 种算法的优劣,然后将改进 Q-Learning 算法应用于动态环境,进一步验证其在动态环境下的效果。Sichkar's Q-Learning 算法中的参数:折扣率 $\gamma = 0.99$,学习率 $\alpha = 0.5$, $\varepsilon = 0.9$,未设置最大步长数。

静态仿真环境如图 3-50 所示。

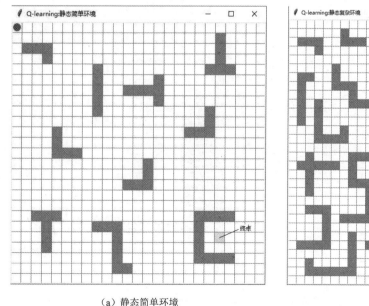

（a）静态简单环境　　　　　　　　　　　（b）静态复杂环境

图 3-50　静态仿真环境

由图 3-50 可知,本节构建了静态简单环境和静态复杂环境,静态简单环境的栅格地图大小为 25×25,静态复杂环境的栅格地图大小为 30×30。图 3-50 中的圆点为 AGV 的起始位置,不规则栅格表示障碍物,终点位置在图 3-50 中有标注,其余空白栅格表示可行区域。静态简单环境中 2 种算法的运行结果如图 3-51 所示。由图 3-51 可知，在静态简单环境中，Sichkar's Q-Learning 算法的最大回合数为 5000，改进 Q-Learning 算法的最大回合数为 3200。

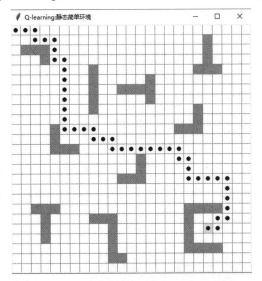

（a）Sichkar's Q-Learning 算法路径规划结果

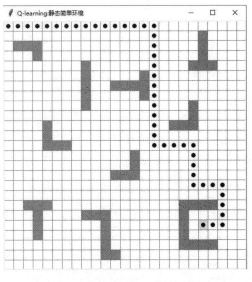

（b）改进 Q-Learning 算法路径规划结果

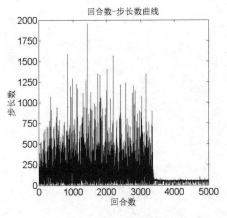

（c）Sichkar's Q-Learning 算法收敛曲线

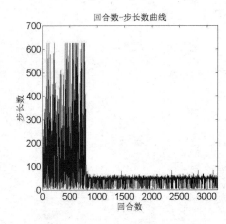

（d）改进 Q-Learning 算法收敛曲线

图 3-51 静态简单环境中 2 种算法的运行结果

静态复杂环境中 Sichkar's Q-Learning、改进 Q-Learning 算法的运行结果如图 3-52 和图 3-53 所示。由图 3-52 和图 3-53 可知，在静态复杂环境中，Sichkar's Q-Learning 算法的最大回合数为 50000，改进 Q-Learning 算法的最大回合数为 6500。从该复杂环境下运行 2 种算法后发现，即使使用 Sichkar's Q-Learning 算法进行了高达 50000 回合的学习，回报值始终为负数，且步长数也始终大于 200，这说明 AGV 在到达目标点之前就已经碰到了障碍物，因此算法无法收敛，即无法为 AGV 规划出最优路径。而使用改进 Q-Learning 算法，能高效地规划出 AGV 在复杂环境中的路径，且算法只需要进行 3000 回合左右的学习便能够收敛。

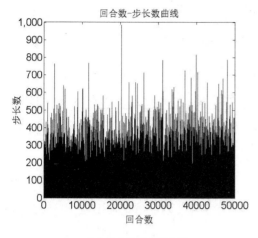

（a）回合数-步长数曲线

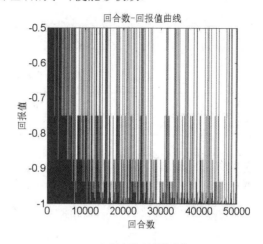

（b）回合数-回报值曲线

图 3-52　静态复杂环境中 Sichkar's Q-Learning 算法的运行结果

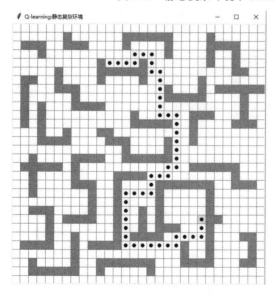

（a）复杂环境下改进 Q-Learning 算法路径规划结果

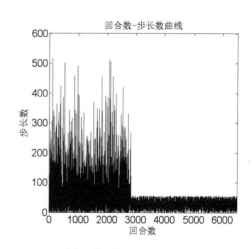

（b）复杂环境下改进 Q-Learning 算法收敛曲线

图 3-53　静态复杂环境中改进 Q-Learning 算法的运行结果

2 种算法的运行结果对比如表 3-4 所示。表 3-4 中的数据为 2 种算法在 20 次运行结果下的平均值。从中对比可以发现，在静态简单环境中，改进 Q-Learning 算法每次计算的结果都能达到最优，而 Sichkar's Q-Learning 算法存在少数几次无法达到最优的结果，并且改进 Q-Learning 算法使最长步长缩短了约 56%，使转弯次数减少了约 63%，收敛回合数也减少了约 72%；而在静态复杂环境中，改进 Q-Learning 算法能在较少的收敛回合数下规划出 AGV 的路径，并且所规划的路径在长度、转弯次数方面都有着不错的表现。

表 3-4　2 种算法的运行结果对比

仿真环境	算法	最优路径步长	最短步长	最长步长	转弯次数	收敛回合数
静态简单环境	Sichkar's Q-Learning 算法	44	44.70	1107.40	18.50	3081.95
	改进 Q-Learning 算法	44	44.00	487.65	6.85	861.05
静态复杂环境	Sichkar's Q-Learning 算法	49	—	—	—	—
	改进 Q-Learning 算法	49	51.50	716.80	16.75	2848.70

本节创建了图 3-54 所示的动态环境，即在静态简单环境的基础上加上 2 个动态障碍物（Ob_1 和 Ob_2）和一个运动的 AGV（Ob_3）。Ob_1 的大小为 $3×2$，Ob_2 的大小为 $2×3$，Obs_3 的大小为 $2×2$。将第 i 个动态障碍物表示为 $Ob_i = [x_i, y_i, x_i', y_i']$，$x_i$ 和 y_i 分别为动态障碍物 Ob_i 左下角的横坐标和纵坐标，x_i' 和 y_i' 则分别为动态障碍物 Ob_i 右上角的横坐标和纵坐标，且用 (x_i, y_i) 表示动态障碍物 Ob_i 在栅格地图中的位置。易得 Ob_1 在(16,23)—(6,23)之间沿 x 轴做往复直线运动，Ob_2 在(16,1)—(16,19)之间沿 y 轴做往复直线运动，Ob_3 在(19,12)—(23,12)—(23,8)—(19,8)之间做顺时针运动。设动态障碍物的移动速度与 AGV 一致，则可用如下的计算公式来表示动态障碍物运动时的坐标。

$$x_1 = \begin{cases} 6+(k \bmod 10), & (-1)^{\left[\frac{k}{10}\right]} = -1 \\ 16-(k \bmod 10), & (-1)^{\left[\frac{k}{10}\right]} = 1 \end{cases} \tag{3-65}$$

$$y_2 = \begin{cases} 1+(k \bmod 18), & (-1)^{\left[\frac{k}{18}\right]} = 1 \\ 19-(k \bmod 18), & (-1)^{\left[\frac{k}{18}\right]} = -1 \end{cases} \tag{3-66}$$

$$x_3 = \begin{cases} 19+((k \bmod 16) \bmod 4), & [(k \bmod 16)/4] = 0 \\ 23, & [(k \bmod 16)/4] = 1 \\ 23-((k \bmod 16) \bmod 4), & [(k \bmod 6)/4] = 2 \\ 19, & [(k \bmod 16)/4] = 3 \end{cases} \tag{3-67}$$

$$y_3 = \begin{cases} 12, & \left[(k \bmod 16) / 4 \right] = 0 \\ 12 - \left((k \bmod 16) \bmod 4 \right), & \left[(k \bmod 16) / 4 \right] = 1 \\ 8, & \left[(k \bmod 16) / 4 \right] = 2 \\ 8 + \left((k \bmod 16) \bmod 4 \right), & \left[(k \bmod 16) / 4 \right] = 3 \end{cases} \tag{3-68}$$

其中，k 为 AGV 运动的当前步长数；mod 为取模运算符；[ ] 为取整运算符。

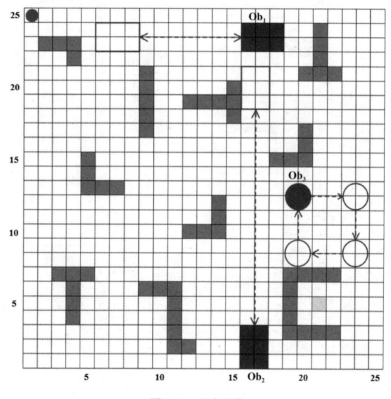

图 3-54　动态环境

使用改进 Q-Learning 算法对动态路径规划问题进行求解，AGV 在动态环境中的路径规划过程如图 3-55 所示。当算法学习到第 500 回合时，AGV 运动 13 步后与静态障碍物发生碰撞，无法到达目标点；当算法学习到第 1000 回合时，AGV 运动 514 步后与动态障碍物 Ob_2 发生碰撞；当算法学习到第 1500 回合时，AGV 运动 229 步后与静态障碍物发生碰撞。当算法学习回合数较少时，虽然路径规划失败，但可以发现，AGV 在栅格地图中的探索程度在不断加深，向着目标点渐渐逼近，这也意味着 AGV 对于栅格地图的认知程度在逐渐加强。当算法学习到第 2000 回合时，AGV 运动 76 步后能够到达目标点，但显然路径不是最优的；而当算法学习到第 2500 和第 3000 回合时，AGV 分别运动 48 步和 44 步后到达目标点，可见路径长度已经得到了极大的改善，且转弯次数也有所减少。

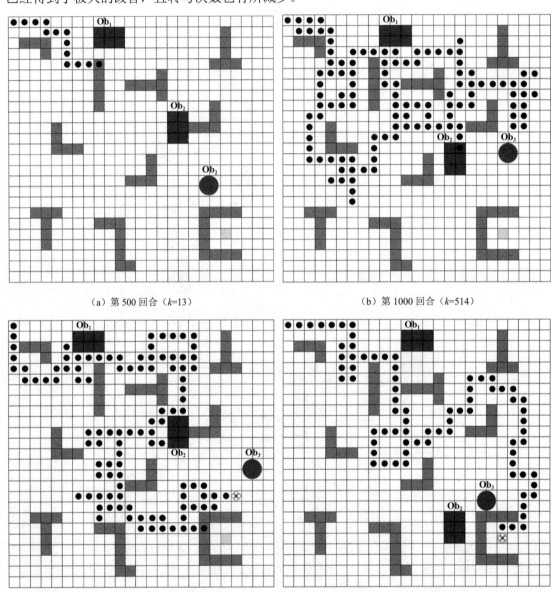

（a）第 500 回合（$k=13$）　　　　　　　　（b）第 1000 回合（$k=514$）

（c）第 1500 回合（$k=229$）　　　　　　　　（d）第 2000 回合（$k=76$）

图 3-55　AGV 在动态环境中的路径规划过程

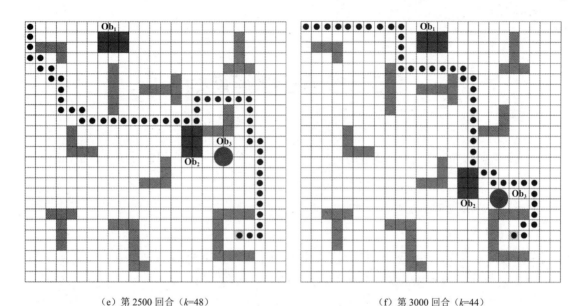

<table>
<tr><td>（e）第 2500 回合（k=48）</td><td>（f）第 3000 回合（k=44）</td></tr>
</table>

图 3-55　AGV 在动态环境中的路径规划过程（续）

　　图 3-56 所示为动态环境中步长数收敛曲线。从图 3-56 中可以发现，在算法进行大约 1900 回合的学习后，AGV 的步长数就已经开始收敛，虽然这与静态环境中的收敛回合数相比约增大了一倍，但考虑到此时 AGV 处于一个具有 3 个动态障碍物的较复杂动态环境中，因此这样的结果也是可以理解和接受的。通过动态环境中的仿真实验，证明了本章所提出的改进 Q-Learning 算法能够有效地为 AGV 规划出一条动态环境中的避障路径。

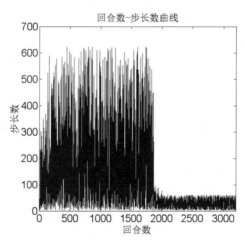

图 3-56　动态环境中步长数收敛曲线

3.5　多目标路径规划

在实际生产车间中，AGV 通常需要为多个加工工位运输物料，因此仅研究单目标路径规划显然已经无法满足生产车间实际作业的需求，于是人们对多目标路径规划进行了一定的研究，并结合以下具体需求进行了针对性算法设计。

（1）AGV 上载有多道不同工序上设备生产所需的物料，需要按照设备的工序级别完成调度任务，对此人们设计了一种改进的自适应遗传算法（IAGSAA）。

（2）AGV 仅需要将物料运输到多个不同的物料中转站，而物料中转站的位置无法确定，但可以在一批区域或设备中进行最优选择，对此人们设计了一种 IFA。由于 AGV 在同工序的多台设备之间进行路径规划时，遍历完各设备后，将直接前往下一道工序或直接停靠在附近的待机点（无后续指令），对此人们设计了一种改进 DQN 算法，以实现多起点、多终点的全局路径规划。本节主要叙述算法的实现过程和测试实例的实验结果，而应用于地图中实现具体需求的结果将在第 4 章中进行说明和呈现。

3.5.1　IAGSAA

对于 IAGSAA 的设计，人们将其理想化为有序聚类旅行商问题（OCTSP）进行求解。OCTSP 是源于 TSP 和聚类旅行商问题[17]（Clustered Traveling Salesman Problem，CTSP）的一种特例，其问题描述如下。

设完全无向图 $G=(V,E)$ 的顶点集为 $V=\{v_1,v_2,\cdots,v_n\}$，边集为 E，顶点集中除起始顶点 v_1 外，其余顶点被分成 m 个特定的点群 V_1、V_2、$\cdots$、V_m，对应点群的顶点个数分别为 n_1、n_2、$\cdots$、n_m。$\boldsymbol{C}=\left[c_{ij}\right]$ 为代价矩阵，表示边集 $E=\left\{\left(v_i,v_j\right):v_i,v_j\in V,i\neq j\right\}$ 上的旅行成本、距离或时间。OCTSP 的目标是确定一条代价最小的哈密顿回路，该回路从 v_1 开始，按照 V_1、V_2、$\cdots$、V_k、$\cdots$、V_m $(1\leqslant k\leqslant m)$ 的顺序连续访问点群 V_k 中的所有顶点（所有顶点只访问一次）并回到 v_1。如果对于点群 V_k 的访问不设顺序要求，那么 OCTSP 就退化成 CTSP，在此基础上，如果点群的数量为 1 个或每个点群只有 1 个顶点，那么该问题就变成了一般的 TSP。

众所周知，GA 是解决 TSP 及其变异问题的有效算法之一，它的优点在于可以很好地与其他算法集成，但存在收敛速度慢、易陷入局部最优解问题。而模拟退火算法最大的优点是更容易获得全局最优解，而且比 GA 的收敛速度快，且鲁棒性更强，其原理是在搜索空间中随机搜索并进行多次迭代，通过设定初始温度、最终温度、退火温度函数、马尔可夫链长度等逐步收敛到最优解。本节将 GA 和模拟退火算法结合，提出了 IAGSAA。

1）数学模型的构建

虽然 OCTSP 的数学模型已在上文给出，但为了使 IAGSAA 具有实用性，此处仍需要结合工厂的实际情况构建 OCTSP 的数学模型，并且问题描述中也未明确指出顶点是如何聚类的。假设工厂中的加工机器总数为 n，所属 m 道加工工序（$m \leqslant n$，即分成 m 个聚类），每道工序对应的加工机器数量分别为 n_1、n_2、$\cdots$、n_m，则有

$$n = \sum_{i=1}^{m} n_i \tag{3-69}$$

AGV 必须先遍历完所有第 1 道工序中的加工机器，然后依次遍历第 2、3、$\cdots$、m 道工序中的加工机器。因此，$P = \left(v_{1,1}, v_{1,2}, \cdots, v_{1,n_1}, v_{2,1}, v_{2,2}, \cdots, v_{2,n_2}, \cdots, v_{m,1}, v_{m,2}, \cdots, v_{m,n_m}, v_{1,1} \right)$ 便是一条可行路径。假设代价为 $c_{ij} = d\left(v_i, v_j \right)$，则 AGV 遍历完 m 道加工工序的加工机器并回到起点的路径长度函数定义如下。

$$f(P) = \sum_{i=1}^{m} \sum_{j=1}^{n_i-1} d\left(v_{i,j}, v_{i,j+1} \right) + \sum_{i=1}^{m-1} d\left(v_{i,n_i}, v_{i+1,1} \right) + d\left(v_{m,n_m}, v_{1,1} \right) \tag{3-70}$$

式中，$v_{i,j}$ 为加工机器编号，表示第 i 道工序中的第 j 台加工机器；$d\left(v_{i,j}, v_{i,j+1} \right)$ 为加工机器 $v_{i,j}$ 与加工机器 $v_{i,j+1}$ 间的距离，最优解应满足 $f(P)$ 取得最小值。

2）工序矩阵的定义

工序矩阵的定义如下。

$$\boldsymbol{G} = \begin{bmatrix} a_{1,1} & a_{1,2} & \cdots & a_{1,n-1} & a_{1,n} \\ a_{2,1} & a_{2,2} & \cdots & a_{2,n-1} & a_{2,n} \\ \vdots & \vdots & & \vdots & \vdots \\ a_{m-1,1} & a_{m-1,2} & \cdots & a_{m-1,n-1} & a_{m-1,n} \\ a_{m,1} & a_{m,2} & \cdots & a_{m,n-1} & a_{m,n} \end{bmatrix} \tag{3-71}$$

式中，$\boldsymbol{G}$ 为一个 $m \times n$ 矩阵，表示共有 n 台加工机器被划分为 m 道工序。矩阵中每个元素的取

值均为 0 或 1，其取值的具体表达式如下。

$$a_{i,j} = \begin{cases} 0, \text{编号为} j \text{的加工机器} \notin \text{工序} i \\ 1, \text{编号为} j \text{的加工机器} \in \text{工序} i \end{cases} \tag{3-72}$$

因此，在工序矩阵 G 的每一列中，有且仅有一个元素为 1，其余元素均为 0。

3）初步排序

在加工机器未排序前，路径与加工机器的编号顺序一致，假设当前默认顺序下的路径所对应的 n 维向量为 $t = [1, 2, \cdots, n]$，工序 i 包含的加工机器数量为 n_i，根据工序矩阵，可按如下步骤将编号为 1 至 n 的加工机器进行初步排序。

（1）定义 m 个全零向量 $t_i = [0, 0, \cdots, 0]$（$i = 1, 2, \cdots, m$），t_i 的维数为 n_i。

（2）依次检查工序矩阵 G 中的第 j 列元素（$j = 1, 2, \cdots, n$），若 $a_{i,j} = 1$，则将向量 t 中的第 j 个元素对应取值赋给向量 t_i。

（3）定义新的 n 维向量 t_{new}，使 $t_{\text{new}} = [t_1, t_2, \cdots, t_m]$。向量 t_{new} 中各元素的顺序就是按照工序进行初步排列的。

4）生成初始种群

GA 中的初始种群是随机生成的，但在 OCTSP 中，初始种群的生成准则将做出一定调整。已知向量 t_{new} 被分成了 m 个子向量，不同子向量中元素对应加工机器所属的工序不同。对于每个子向量，仅将各向量中的元素分别随机排序生成初始种群，从而确保生成的初始种群仍满足工序优先级要求，因此初始种群的生成是分段进行的，如图 3-57 所示，其中 10 台加工机器被划分为 3 道工序。

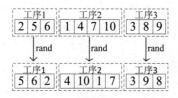

图 3-57   分段生成初始种群

5）交叉算子和变异算子

对染色体采用分段式部分映射交叉，以确保交叉后的基因位置仍在相同优先级的基因片段上，操作过程如下。

（1）随机选择 2 条父代染色体 A 和 B。

（2）随机生成一个数值在 1 至 m 之间的随机数 m'，在第 m' 段上随机找到 2 个相邻的基因位，使染色体 A 和 B 在该基因位上交叉。

（3）根据交叉基因位的映射关系修改交叉基因段外的基因值，确保一条染色体上不出现相同的基因值，最终得到 2 条染色体 A_1 和 B_1。

分段式部分映射交叉如图 3-58 所示，假设 $m' = 2$，交叉的基因位为 2 和 3。

图 3-58　分段式部分映射交叉

本节采用模拟退火算法中对恶化解的处理策略来处理 GA 中变异操作后产生的新个体，提出改进的模拟退火式变异（Simulated Annealing Mutation，SAM）策略，并将其与分段式交换变异、分段式插入变异和分段式逆转变异相结合。操作过程如下。

（1）在 0 至 1 之间生成一个随机数 x，若 $x \leqslant 0.33$，则采用分段式交换变异；若 $0.33 < x < 0.67$，则采用分段式插入变异；若 $x \geqslant 0.67$，则采用分段式逆转变异。

（2）先随机选取染色体 A_1 和 B_1 的第 m' 段，并生成 2 个不同的随机数 $i_{m_1'}$ 和 $i_{m_2'}$（$i_{m_1'}, i_{m_2'} \leqslant j_{m'}$，$j_{m'}$ 为染色体第 m' 段的基因总数）。然后在交叉操作的基础上执行变异操作。图 3-59 所示为分段式变异过程（假设 $i_{m_1'} = 1$，$i_{m_2'} = 4$，$m' = 3$）。

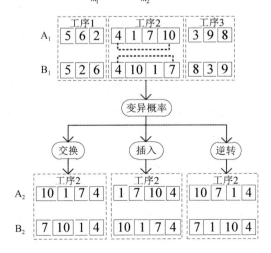

图 3-59　分段式变异过程

（3）分别计算变异前后 2 个个体的适应度。当适应度值变大时，接受变异。否则，根据一定的退火概率 p_t 来决定是否接受变异。

退火概率 p_t 的计算公式与退火温度函数如下。

$$p_t = \exp\left(\frac{f_{\text{new}} - f_{\text{old}}}{T}\right) \tag{3-73}$$

$$T(k+1) = KT(k) \tag{3-74}$$

其中，f_{old} 与 f_{new} 分别为个体变异前后的适应度值，T 为一个随迭代次数 k 不断变化的温度参数，故 $T(0)$ 为初始温度，K 为温度衰减系数。

交叉概率 p_c 和变异概率 p_m 将直接影响算法的性能。在标准遗传算法（Standard Genetic Algorithm，SGA）中，概率值不变，在算法迭代初期可以快速提高种群的平均适应度值，但在算法迭代后期，较好的个体会被破坏，导致早熟现象。为避免这种现象对算法结果造成的不良影响，本节选用交叉概率和变异概率自适应调整策略，即自适应遗传算法（Adaptive Genetic Algorithm，AGA）[18]。AGA 最初由 Srinivas 和 Patnaik 提出，其目的是提高算法迭代后期的交叉概率和变异概率，以便算法跳出局部最优。自适应交叉概率和变异概率计算公式如下。

$$p_c = \begin{cases} \dfrac{k_1(f_{\max} - f')}{f_{\max} - \overline{f}}, & f' \geq \overline{f} \\ k_3, & f' \leq \overline{f} \end{cases} \tag{3-75}$$

$$p_m = \begin{cases} \dfrac{k_2(f_{\max} - f)}{f_{\max} - \overline{f}}, & f \geq \overline{f} \\ k_4, & f \leq \overline{f} \end{cases} \tag{3-76}$$

其中，$f_{\max}$ 为种群中最优个体的适应度值，$\overline{f}$ 为种群的平均适应度值，f' 为 2 个交叉个体适应度值中的较大值，f 为所需变异个体的适应度值，k_1、k_2、k_3、k_4 均为参数。当式（3-75）和式（3-76）中的 $k_1 = k_3$ 且 $k_2 = k_4$ 时，AGA 中交叉概率和变异概率调整曲线如图 3-60 所示。

由图 3-60 可知，引入自适应算子的目的是为低于平均适应度值的个体赋予较大且固定不变的交叉概率和变异概率，同时为高于平均适应度值的个体赋予随着具体适应度值线性减小的交叉概率和变异概率。但对于种群中的最优个体而言，若使用式（3-75）和式（3-76），则计算出的交叉概率和变异概率均为 0。在算法迭代后期，这种情况通常是可以接受的，因为人们希望对最优个体进行完全保护，避免其被破坏，然而在算法迭代前期，每次迭代中的最优个体一般不是全局最优解，故若无法改变该个体基因而将其保留，则算法仍然有较大可能会陷入局部最优。为了解决上述问题，研究者们设计了一些改进的自适应计算公式。此外，当种群中有较多个体的适应度值聚集在平均适应度值附近时，由于个体的基因十分相似，便在种群进化中占据优势，导致后续进化效果差，而适应度值在最大适应度值附近的个体，却有着相对较大的交叉概率和变异概率，导致部分较优个体因为有相对较大的交叉概率和变异概率而被破坏的可能性加大。为解决上述问题，应使自适应调整曲线在 $\bar{f}$ 和 $f_{\max}$ 处变得平缓，故人们基于 AGA 改进了交叉概率和变异概率自适应调整策略，相应计算公式如下。

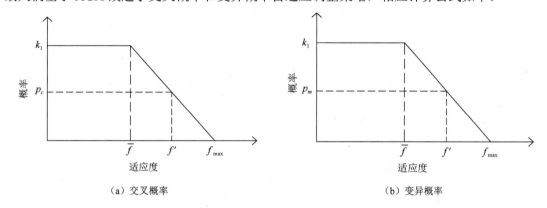

图 3-60　AGA 中交叉概率和变异概率调整曲线

$$
p_c = \begin{cases} p_{c2} - (p_{c1} - p_{c2})\left(\sqrt{2} - \sin\left(\dfrac{\pi(f' - \bar{f})}{2(f_{\max} - \bar{f})}\right)\right), & f' \geqslant \dfrac{\bar{f} + f_{\max}}{2} \\[4mm] p_{c2} + (p_{c1} - p_{c2})\cos\left(\dfrac{\pi(f' - \bar{f})}{2(f_{\max} - \bar{f})}\right), & \bar{f} \leqslant f' \leqslant \dfrac{\bar{f} + f_{\max}}{2} \\[4mm] p_{c1}, & f' \leqslant \bar{f} \end{cases} \tag{3-77}
$$

$$
p_m = \begin{cases} p_{m2} - (p_{m1} - p_{m2})\left(\sqrt{2} - \sin\left(\dfrac{\pi(f - \bar{f})}{2(f_{\max} - \bar{f})}\right)\right), & f \geqslant \dfrac{\bar{f} + f_{\max}}{2} \\[4mm] p_{m2} + (p_{m1} - p_{m2})\cos\left(\dfrac{\pi(f - \bar{f})}{2(f_{\max} - \bar{f})}\right), & \bar{f} \leqslant f \leqslant \dfrac{\bar{f} + f_{\max}}{2} \\[4mm] p_{m1}, & f \leqslant \bar{f} \end{cases} \tag{3-78}
$$

其中，$f_{\max}$、$\bar{f}$、f' 的含义与式（3-75）和式（3-76）相同，f 为变异个体中较小的适应度值。p_{c1}、p_{c2}、p_{m1}、p_{m2} 都为参数，p_{c1} 和 p_{m1} 分别决定了最大交叉概率和最大变异概率，p_{c1} 和 p_{c2} 共同决定了最小交叉概率，而 p_{m1} 和 p_{m2} 则决定了最小变异概率。由式（3-78）计算的变异概率可以进一步保护交叉操作所产生的较优个体。改进后的交叉概率和变异概率调整曲线如图 3-61 所示。相应公式如下。

$$p_{c3} = \frac{\sqrt{2}\,p_{c1}}{2} + \frac{\left(2-\sqrt{2}\right)p_{c2}}{2} \tag{3-79}$$

$$p_{c4} = \left(\sqrt{2}-1\right)p_{c1} + \left(2-\sqrt{2}\right)p_{c2} \tag{3-80}$$

$$p_{m3} = \frac{\sqrt{2}\,p_{m1}}{2} + \frac{\left(2-\sqrt{2}\right)p_{m2}}{2} \tag{3-81}$$

$$p_{m4} = \left(\sqrt{2}-1\right)p_{m1} + \left(2-\sqrt{2}\right)p_{m2} \tag{3-82}$$

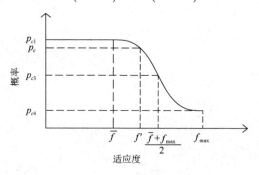

（a）改进交叉概率

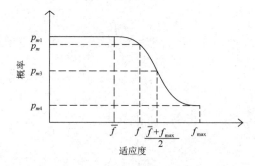

（b）改进变异概率

图 3-61　改进后的交叉概率和变异概率调整曲线

6）算法的流程图

设 $K_{\max}$ 为最大迭代次数，当 $k \geqslant K_{\max}$ 时表明算法满足终止条件，随后输出最优结果。

图 3-62 所示为改进 AGA 的流程图。

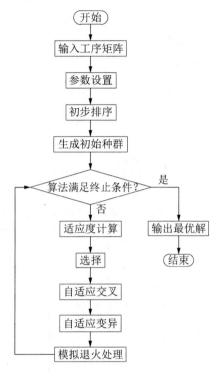

图 3-62　改进 AGA 的流程图

7）测试实例的实验结果

人们利用 TSPLIB[19]中的部分对称实例进行了仿真实验，并将实验结果与 SGA、LSA[20] 和 HGA[21]（混合遗传算法）进行对比。IAGSAA 和 SGA 分别运行了 30 次。算法中将种群数量设为 200，最大迭代次数设为 1500。在 SGA 中，p_c 和 p_m 分别设为 0.8 和 0.1。在 IAGSAA 中，初始温度 $T(0)$ 设为 0.31，温度衰减系数 K 设为 0.995。IAGSAA 中的其他参数设置如表 3-5 所示。

表 3-5　IAGSAA 中的其他参数设置

参数	取值
p_{c1}	0.8
p_{c2}	0.4
p_{m1}	0.1
p_{m2}	0.001

首先从最优解（Best）、平均值（Avg）、误差（E）和相对误差（RE）指标对 SGA 和 IAGSAA 进行对比，对比结果如表 3-6 所示。例如，对于一个有 11 个顶点的测试实例，聚类(5,5)说明除第 1 个顶点外，其余 10 个顶点被分成了 2 个聚类，即 $V_1 = \{2,3,4,5,6\}$，$V_2 = \{7,8,9,10,11\}$，且 V_2 的顺序在 V_1 之后。在表 3-6 中，Opt 为现有文献中的最优解，Best 为每种算法获得的最优解，Avg 为 SGA 和 IAGSAA 运行 30 次后解的平均值。误差 E 和相对误差 RE 的计算公式如下。

$$E = \frac{\text{Best} - \text{Opt}}{\text{Opt}} \times 100\% \qquad (3\text{-}83)$$

$$\text{RE} = \frac{\text{Avg} - \text{Best}}{\text{Best}} \times 100\% \qquad (3\text{-}84)$$

表 3-6　SGA 和 IAGSAA 的对比结果

测试实例	聚类	Opt	SGA				IAGSAA			
			Best	Avg	E	RE	Best	Avg	E	RE
burma14	(6,7)	3621	3621	3621.00	0.00	0.00	3621	3621.00	0.00	0.00
ulysses16	(7, 8)	7303	7191	7191.00	−1.53%	0.00	7191	7191.00	−1.53%	0.00
gr17	(8, 8)	2517	2517	2549.40	0.00	1.29%	2517	2517.00	0.00	0.00
gr21	(10, 10)	3465	3465	3613.30	0.00	4.28%	3465	3467.00	0.00	0.06%
ulysses22	(10, 11)	8190	8078	8275.60	−1.37%	2.45%	8078	8091.17	−1.37%	0.16%
gr24	(11, 12)	1558	1558	1670.77	0.00	7.24%	1558	1561.63	0.00	0.23%
fri26	(12, 13)	957	957	1008.17	0.00	5.35%	957	957.00	0.00	0.00%
bayg29	(14, 14)	2144	2192	2319.73	2.24%	5.83%	2144	2187.27	0.00	2.02%
	(9, 9, 10)	2408	2408	2540.63	0.00	5.51%	2408	2436.63	0.00	1.19%
bays29	(14, 14)	2702	2702	2886.63	0.00	6.83%	2702	2743.47	0.00	1.53%
	(9, 9, 10)	2991	2991	3146.67	0.00	5.20%	2991	3016.80	0.00	0.86%
dantzig42	(20, 21)	699	770	919.80	10.16%	19.45%	699	714.33	0.00	2.19%
	(13, 14, 14)	699	699	773.87	0.00	10.71%	699	708.97	0.00	1.43%
	(10, 10, 10, 11)	699	699	720.50	0.00	3.08%	699	703.60	0.00	0.66%
swiss42	(20, 21)	1605	1735	1863.77	8.10%	7.42%	1605	1646.70	0.00	2.60%
	(13, 14, 14)	1919	1957	2079.37	1.98%	6.25%	1919	1954.83	0.00	1.87%
	(10, 10, 10, 11)	1944	1964	2085.63	1.03%	6.19%	1944	1957.43	0.00	0.69%
gr48	(23, 24)	6433	7351	8155.23	14.27%	10.94%	6433	6595.33	0.00	2.52%
	(15, 16, 16)	7466	7870	8666.70	5.41%	10.12%	7466	7587.73	0.00	1.63%
	(11, 12, 12, 12)	8554	8900	9619.40	4.04%	8.08%	8554	8660.50	0.00	1.25%
eil51	(25, 25)	564	608	665.57	7.80%	9.47%	564	581.17	0.00	3.04%
	(16, 17, 17)	681	720	769.87	5.73%	6.93%	681	696.70	0.00	2.31%
	(12, 12, 13, 13)	714	735	794.50	2.94%	8.10%	714	725.17	0.00	1.56%

续表

测试实例	聚类	Opt	SGA				IAGSAA			
			Best	Avg	*E*	RE	Best	Avg	*E*	RE
berlin52	(25, 26)	10422	11233	12718.83	7.78%	13.23%	10422	10933.50	0.00	4.91%
st70	(34, 35)	916	1225	1336.77	33.73%	9.12%	916	952.80	0.00	4.02%
eil76	(37, 38)	721	892	1010.63	23.72%	13.30%	721	752.57	0.00	4.38%
rat99	(49, 49)	1346	1999	2170.53	48.51%	8.58%	1398	1455.43	3.87%	4.11%
kroA100	(24, 25, 25, 25)	45733	60380	66941.33	32.03%	10.87%	45733	48146.13	0.00	5.28%
Average	—	—	—	—	7.38%	7.35%	—	—	0.03%	1.80%

在表 3-6 的测试实例中选择 4 个，同时使用 SGA 和 IAGSAA 对其进行了 30 次运算，在确保初始种群完全相同的情况下对比 2 种算法的收敛速度，其平均进化曲线如图 3-63 所示。

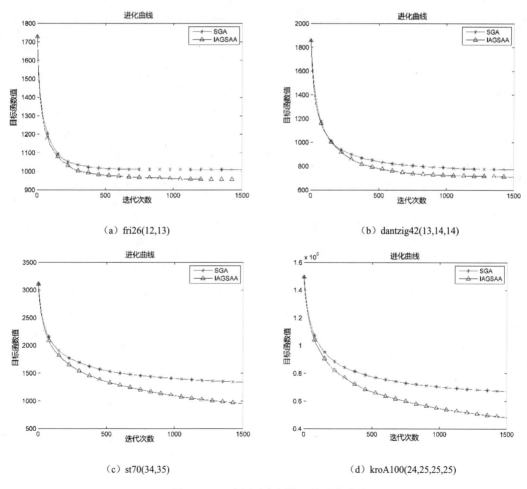

（a）fri26(12,13)

（b）dantzig42(13,14,14)

（c）st70(34,35)

（d）kroA100(24,25,25,25)

图 3-63　4 个测试实例的平均进化曲线

将 IAGSAA 获得的最优解与文献[20]和文献[21]中的结果进行对比，如表 3-7 所示，该表表头中的符号含义与表 3-6 相同。

表 3-7　IAGSAA、LSA 和 HGA 的对比结果

测试实例	聚类	Opt	LSA		HGA		IAGSAA	
			Best	E	Best	E	Best	E
burma14	(6,7)	3621	3621	0.00	3621	0.00	3621	0.00
ulysses16	(7, 8)	7303	7303	0.00	7303	0.00	7191	−1.53%
gr17	(8, 8)	2517	2517	0.00	2517	0.00	2517	0.00
gr21	(10, 10)	3465	3465	0.00	3465	0.00	3465	0.00
ulysses22	(10, 11)	8190	8190	0.00	8190	0.00	8078	−1.37%
gr24	(11, 12)	1558	1558	0.00	1558	0.00	1558	0.00
fri26	(12, 13)	957	957	0.00	957	0.00	957	0.00
bayg29	(14, 14)	2144	2144	0.00	2144	0.00	2144	0.00
	(9, 9, 10)	2408	2408	0.00	2408	0.00	2408	0.00
bays29	(14, 14)	2702	2702	0.00	2702	0.00	2702	0.00
	(9, 9, 10)	2991	2991	0.00	2991	0.00	2991	0.00
dantzig42	(20, 21)	699	699	0.00	699	0.00	699	0.00
	(13, 14, 14)	699	699	0.00	699	0.00	699	0.00
	(10, 10, 10, 11)	699	699	0.00	699	0.00	699	0.00
swiss42	(20, 21)	1605	1605	0.00	1605	0.00	1605	0.00
	(13, 14, 14)	1919	1919	0.00	1919	0.00	1919	0.00
	(10, 10, 10, 11)	1944	1944	0.00	1944	0.00	1944	0.00
gr48	(23, 24)	6433	6656	3.47%	6433	0.00	6433	0.00
	(15, 16, 16)	7466	7466	0.00	7466	0.00	7466	0.00
	(11, 12, 12, 12)	8554	8554	0.00	8554	0.00	8554	0.00
eil51	(25, 25)	564	570	1.06%	564	0.00	564	0.00
	(16, 17, 17)	681	689	1.17%	681	0.00	681	0.00
	(12, 12, 13, 13)	714	714	0.00	714	0.00	714	0.00
berlin52	(25, 26)	10422	—	—	10422	0.00	10422	0.00
st70	(34, 35)	916	—	—	916	0.00	916	0.00
eil76	(37, 38)	721	—	—	721	0.00	721	0.00
rat99	(49, 49)	1346	—	—	1346	0.00	1398	3.87%
kroA100	(24, 25, 25, 25)	45733	—	—	45733	0.00	45733	0.00
Average	—	—	—	0.25%	—	0.00	—	0.03%

在面对较小规模的问题时，IAGSAA 求解最优解的能力与 SGA 相当，当问题规模超过 40 后，由 IAGSAA 求得的最优解要比 SGA 更优，两者的误差平均值为 0.03% 和 7.38%，如表 3-6 所示。除 rat99(49,49) 外，IAGSAA 可以得到表 3-6 中所有测试实例的已知最优解。对比 2 种算法运行下解的平均值，可以发现，只有在测试 burma14(6,7) 和 ulysses16(7,8) 时两者是相同的，在其余测试实例中，IAGSAA 均好于 SGA，IAGSAA 的相对误差不大于 5.28%，相对误差的平均值仅为 1.8%，而 SGA 却高达 7.35%，这说明 SGA 的求解精度较差，而 IAGSAA 具有十分可靠的求解精度和稳定性。由图 3-63 不难发现，IAGSAA 的收敛速度快于 SGA，尤其是在较大规模问题中，收敛速度的差距变得十分明显。因此，IAGSAA 具备运算效率高的优点。由表 3-7 可得，对于 ulysses16(7,8) 和 ulysses22(10,11)，使用 IAGSAA 得到的结果比 LSA 和 HGA 更好，甚至优于已知最优解。对于 gr48(23,24)、eil51(25,25) 和 eil51(16,17,17)，HGA 和 IAGSAA 均可以得到已知最优解，然而 LSA 却无法得到。LSA、HGA、IAGSAA 的误差平均值分别为 0.25%、0 和 0.03%，显然，IAGSAA 整体要优于 LSA，且与 HGA 仅有微小的差距。上述实验结果说明本节提出的 IAGSAA 具有良好的性能，在避免早熟现象的同时也加快了收敛速度。然而，随着问题规模的扩大，相对误差也随之变大。

3.5.2　IFA

第 2 种需求本质上与广义旅行商问题[22]（Generalized Traveling Salesman Problem，GTSP）是一致的，因此只需要提出一种能够求解 GTSP 的算法[23]，并将工厂中的一些实际坐标点代入该算法，便可以决策物料中转站的位置并规划出最优路径。GTSP[24]的优化目标是使在完全无向图 $G = (V, E, W)$ 上找寻的哈密顿回路具有最小的花费。其中，$V = \{v_1, v_2, \cdots, v_n\}$（$n \geq 3$）为顶点集，$E = \{e_{ij} \mid v_i, v_j \in V\}$ 为边集，$W = \{w_{ij} \mid w_{ij} \geq 0, w_{ii} = 0, \forall i, j \in N(n)\}$ 为权重集，表示顶点 v_i 和 v_j 之间的花费，$N(n) = \{1, 2, \cdots, n\}$。顶点集 V 被分成 m 个点群 V_1、V_2、$\cdots$、V_m，满足：$m \leq n$，$|V_j| \geq 1$，$V = \bigcup_{j=1}^{m} V_j$。

GTSP 的分类如图 3-64 所示，GTSP 通常被分成 2 类进行研究，第 1 类 GTSP 是路径只能遍历每个点群一次，且在每个点群中只能经过一个顶点，而第 2 类 GTSP 是路径可以在每个点群中经过多个顶点。由于每个加工区域只需要配置一个物料中转站，因此本节仅针对第

1 类 GTSP 进行研究。本节提出的 IFA 也仅适用于求解第 1 类 GTSP，以下对 IFA 进行介绍。

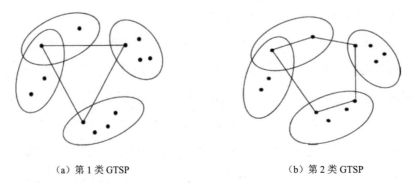

（a）第 1 类 GTSP   （b）第 2 类 GTSP

图 3-64 　GTSP 的分类

1）双层编码法则

在 GTSP 中，包含 n 个顶点的顶点集 V 被分成了 m 个点群 V_1、V_2、$\cdots$、V_m，从而出现了 2 个序列，因此可以采用双层编码法则定义一个可行编码。低层对点群编号进行编码，形式为 $(v_1, v_2, \cdots, v_i, \cdots, v_m)$，其中 v_i 为路径遍历的第 i 个点群；高层对顶点编号进行编码，形式为 $(a_1, a_2, \cdots, a_i, \cdots, a_m)$，其中 a_i 为路径经过的第 i 顶点，且对于 $\forall i \in [1, 2, \cdots, m]$，均满足 $a_i \in V_{v_i}$。

路径长度的计算公式如下。

$$L = \sum_{i=1}^{m-1} d(a_i, a_{i+1}) + d(a_m, a_1) \tag{3-85}$$

式中，$d(a_i, a_{i+1})$ 为顶点 a_i 与顶点 a_{i+1} 之间的距离。

例如，对于有 15 个顶点的 GTSP，点群具体划分为 $V_1 = \{1, 2, 3\}$，$V_2 = \{4\}$，$V_3 = \{5, 6, 7, 8, 9, 10\}$，$V_4 = \{11, 12, 13\}$，$V_5 = \{14, 15\}$，则低层编码可以是 $(2, 3, 5, 1, 4)$，表示路径遍历的点群顺序为 $V_2 \to V_3 \to V_5 \to V_1 \to V_4$；高层编码可以是 $(4, 6, 15, 2, 11)$，表示路径经过的顶点依次为 $4 \to 6 \to 15 \to 2 \to 11$。

2）萤火虫个体间的距离

因为萤火虫个体的编码是离散值，所以可采用汉明距离来度量萤火虫个体间的距离，即 2 组编码在对应位置上出现不同编码的次数，设萤火虫 x 和萤火虫 y 的编码分别为 $(x_1, x_2, \cdots, x_i, \cdots, x_m)$ 和 $(y_1, y_2, \cdots, y_i, \cdots, y_m)$，则两者间的距离计算公式如下。

$$d(x,y) = \sum_{i=1}^{m} x_i \oplus y_i \tag{3-86}$$

式中，运算符号 $\oplus$ 为异或。例如，$x = (4,6,15,2,11)$，$y = (4,14,1,9,11)$，则两者间的距离为 3。

3）位置更新公式

人们在标准 FA 的基础上进行改进，提出了如下位置更新方式。

$$x_i^{t+1} = x_i^t + \exp\left(\frac{-2.5r_{ij}}{m}\right)\left(x_j^t - x_i^t\right) + \varepsilon_i \tag{3-87}$$

式中，m 为点群的数目；随机扰动项 ε_i 为维度是 m、大小在区间[-0.5,0.5]内的随机数序列。该式消除了萤火虫编码长度对吸引度计算造成的影响，由于 $r_{ij} \in [0,m]$，因此吸引度大小将始终在区间[0.082,1]内。因为位置更新后的编码不是整数编码，所以需要采用四舍五入取整法将编码设置为整数。

4）修复非可行编码

萤火虫在更新位置后，其编码中可能出现重复点群或顶点编号及丢失部分点群编号的情况。出现上述情况的编码都属于非可行编码，应采用以下步骤对其进行修复。

（1）将萤火虫 x_i^{t+1} 高层编码转化为低层编码 $x_i''^{t+1}$。

（2）找到丢失的点群编号集合，记为 $M = \left\{m_{V_1}, m_{V_2}, \cdots, m_{V_k}, \cdots, m_{V_K}\right\}$。

（3）记录萤火虫 x_j^t 中属于点群编号 m_{V_k} 的顶点编号，记为 $S = \left\{s_1, s_2, \cdots, s_k, \cdots, s_K\right\}$。

（4）在低层编码 $x_i''^{t+1}$ 中，找到第 2 次及后续重复出现的点群编号位置，记为 $U = \{u_1, u_2, \cdots, u_k, \cdots, u_K\}$。

（5）对于 $k \in [1, K]$，用 s_k 替换萤火虫 x_i^{t+1} 高层编码中 u_k 上的编码。

假设 $x_i^t = (4,6,15,2,11)$，$x_j^t = (4,14,1,9,11)$，则由式（3-87）并取整后可得 $x_i^{t+1} = (4,8,12,4,11)$，将其转化为低层编码 $x_i''^{t+1} = (2,3,4,2,4)$，因存在重复点群或顶点编号及丢失部分点群编号的情况，故 x_i^{t+1} 和 $x_i''^{t+1}$ 属于非可行编码，应采用以上步骤对其进行修复，则 $M = \{1,5\}$，$S = \{1,14\}$，且 $U = \{4,5\}$，并用编码 1 和 14 分别替换 x_i^{t+1} 中第 4 位和第 5 位的编码，得到修复后的 $x_i^{t+1} = (4,8,12,1,14)$，$x_i''^{t+1} = (2,3,4,1,5)$。

5）改进迭代局部搜索算子

迭代局部搜索[25]（Iterated Local Search，ILS）本质上属于一种元启发式算法。ILS 算法的原理主要包括构造初始解、局部搜索、扰动策略和接受准则，其中对 ILS 算法搜索性能影响最大的是扰动策略。如果扰动策略对解的扰动程度过小，那么算法很大可能无法跳出局部最优；如果扰动策略对解的扰动程度过大，那么算法将退化成随机算法，故扰动策略的合理设计是保证 ILS 算法良好搜索性能的关键。

本节将对 ILS 算法中的扰动策略和接受准则进行改进，从而形成了一种改进 ILS 算子，具体操作步骤如下。

（1）定义参数 $k_{\max}$（$k_{\max} = m/5$），其中 m 为点群的数目，[] 为向上取整，初始化 $k = 1$。

（2）初始化 $i = 1$。

（3）截取萤火虫个体高层编码 x_{old} 中的 $[i, i+k]$ 编码段，并翻转该编码段，得到新的编码 x_{new}。

（4）分别计算编码 x_{old} 和 x_{new} 所对应的路径长度改变量 f_{old} 和 f_{new}，并依据接受准则决定是否更新编码，其中，$f_{\mathrm{old}} = d\left(x_{\mathrm{old}\_(i-1)}, x_{\mathrm{old}\_i}\right) + d\left(x_{\mathrm{old}\_(i+k)}, x_{\mathrm{old}\_(i+k+1)}\right)$，类似可得，$f_{\mathrm{new}} = d\left(x_{\mathrm{new}\_(i-1)}, x_{\mathrm{new}\_i}\right) + d\left(x_{\mathrm{new}\_(i+k)}, x_{\mathrm{new}\_(i+k+1)}\right)$。

（5）$i = i+1$，并跳转到第（3）步，直至 $i = m$。

（6）$k = k+1$，并跳转到第（2）步，直至 $k = k_{\max}$。

接受准则表示如下。

$$x = \begin{cases} x_{\mathrm{new}}, & f_{i\mathrm{new}} > f_i \text{ or } \dfrac{f_i - f_{i\mathrm{new}}}{f_{i\mathrm{new}}} \leqslant p \\ x_{\mathrm{old}}, & \text{otherwise} \end{cases} \tag{3-88}$$

式中，p 为接受概率，即当新编码优于原编码时，接受新编码，或者当原编码优于新编码时，也以一定概率接受新编码，除上述情况以外，均保留原编码。

6）C2opt 算子

2-opt[26] 算法作为一种十分有效的局部搜索算法，通常是对一条路径上 20%～30% 的顶点进行局部优化，可以消除交叉路径。C2opt 算子[27] 是对 2-opt 算子的进一步优化，即对路径上的所有顶点都进行 2-opt 优化。假设一条路径编码为 $x = (x_1, x_2, \cdots, x_i, \cdots, x_m)$，在对称的 GTSP 中，翻转某一编码 (x_i, x_j) 时，该编码区间内的路径长度不会变化，路径长度的变化仅由 $d(x_{i-1}, x_i) \rightarrow d(x_{i-1}, x_j)$ 和 $d(x_j, x_{j+1}) \rightarrow d(x_i, x_{j+1})$ 决定，因此在计算路径总长度时可将其简化为这 2 段路径长度之和。图 3-65 和图 3-66 分别为采用 C2opt 算子优化的效果示意图和实现的伪代码。

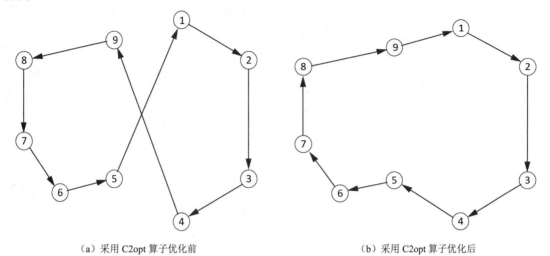

（a）采用 C2opt 算子优化前　　　　　　　（b）采用 C2opt 算子优化后

图 3-65　采用 C2opt 算子优化的效果示意图

```
for i = 1: m − 2
  for j = i + 2: m
    if j == m
      temp = 1;
    else
      temp = j + 1;
    end if
    len1 = d(x_i, x_{i+1}) + d(x_j, x_temp);
    len2 = d(x_i, x_j) + d(x_{i+1}, x_temp);
    if len2 < len1
      for k = 0: ceil(j−i/2 − 1)
        swap{x_{i+k+1}, x_{j−k}};
      end for k
    end if
  end for j
end for i
```

图 3-66　采用 C2opt 算子实现的伪代码

7）萤火虫的变异过程

在 GTSP 中，人们会在每个点群中选取一个顶点加入路径中。若只考虑萤火虫之间由于相互吸引而在解空间内进行搜索，则算法的搜索效率很低，收敛速度也很慢，容易陷入局部最优。为此，本节提出了一种萤火虫的贪婪式变异策略，即在萤火虫编码上依次截取一段长度为 K 的片段 $(x_{i+1}, x_{i+2}, \cdots, x_{i+K})$，其对应的低层编码为 $(x'_{i+1}, x'_{i+2}, \cdots, x'_{i+K})$，并在 K 个点群中找到顶点序列 $(x_{i+1}^{best}, x_{i+2}^{best}, \cdots, x_{i+K}^{best})$ 来进行替换，满足对于 $\forall j \in [1, K]$，都有 $x_{i+j}^{best} \in V_{x'_{i+j}}$，且 $(d(x_i, x_{i+1}^{best}) + d(x_{i+1}^{best}, x_{i+2}^{best}) + \cdots + d(x_{i+K-1}^{best}, x_{i+K}^{best}) + d(x_{i+K}^{best}, x_{i+K+1}))$ 取得最小值。K 的取值越小，说明萤火虫变异时的贪婪思想越严重，算法陷入局部最优的概率也越大，当 $K=1$ 时，尽管萤火虫每个位置的编码都能使局部路径长度最优化，但是整条路径通常不是最优的；当 K 取较大的值时，虽然能加大算法跳出局部最优的能力，但是也增加了算法的复杂度和计算时间，同时也违背了贪婪思想。因此，在综合考虑算法性能和计算时间后，本节将 K 设置为 3。萤火虫变异过程的伪代码如图 3-67 所示。

```
for i = 1: m
  if i == m - 3
    t_a = m - 2; t_b = m - 1; t_c = m; t_d = 1;
  elseif i == m - 2
    t_a = m - 1; t_b = m; t_c = 1; t_d = 2;
  elseif i == m - 1
    t_a = m; t_b = 1; t_c = 2; t_d = 3;
  elseif i == m
    t_a = 1; t_b = 2; t_c = 3; t_d = 4;
  else
    t_a = i + 1; t_b = i + 2; t_c = i + 3; t_d = i + 4;
  end if
  L_min = Min{d(x_i, x_{t_a'}) + d(x_{t_a'}, x_{t_b'}) + d(x_{t_b'}, x_{t_c'})
              + d(x_{t_c'}, x_{t_d'})};
  (x_{t_a'} ∈ V_{x'_{t_a}}; x_{t_b'} ∈ V_{x'_{t_b}}; x_{t_c'} ∈ V_{x'_{t_c}})
  [c_1, c_2, c_3] = arg{L_min};
  x_{t_a} = c_1; x_{t_b} = c_2; x_{t_c} = c_3;
end for i
```

图 3-67　萤火虫变异过程的伪代码

8）算法的流程图

在 IFA 中，位置更新后的萤火虫将依次执行 ILS、C2opt 算子优化及变异操作，故 IFA 的流程图如图 3-68 所示。

9）测试实例的实验结果

在改进迭代局部搜索（Improve Iterated Local Search，IILS）中，接受概率 p 的大小对于算法求解性能也有较大的影响。若 p 太小，则会影响萤火虫的局部搜索能力，降低萤火虫对整个解空间全面搜索的可能性，进而提高了算法陷入局部最优的概率；如果 p 太大，则不能很好地利用萤火虫自身的寻优特性。因此，为设置合适大小的接受概率 p，优化算法性能，本节进行了如下实验。

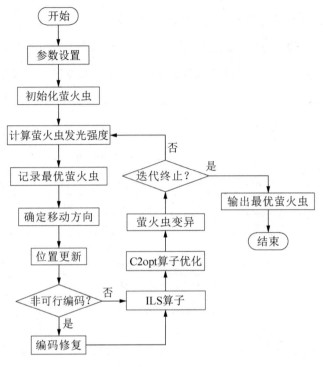

图 3-68 IFA 的流程图

从 TSPLIB[19]中选择 2 个测试实例：kroA200 和 gil262，按照 Fischetti 等学者[28]提出的方法构造出 GTSP 的测试实例 40kroA200 和 53gil262，并将 p 分别设置成 0.1～0.5 中的 5 个数值进行实验，结果如表 3-8 所示。其余设置的参数：种群数量为 20 个，最大迭代次数为 20，运行次数为 30。

表 3-8　使用不同接受概率 p 的实验结果

p	40kroA200		53gil262	
	最优解	平均值	最优解	平均值
0.1	13429	14044.03	1026	1084.07
0.2	13491	13909.23	1039	1068.33
0.3	13417	13779.00	1017	1048.70
0.4	13577	13851.37	1025	1062.43
0.5	13818	14357.03	1088	1142.07

由表 3-8 可知，当 p 取 0.3 时，对于 2 个测试实例，最优解和平均值都是最小的，因此本节将 p 设置为 0.3 进行后续的实验。

为验证 IFA 的计算性能和效果，从 GTSP 的测试实例中选取 20 个中小规模的问题进行实验（参数设置与上文一致），结果如表 3-9 所示。测试实例由"数字+字母+数字"的形式来命名，字母前的数字为城市聚类的数目，字母后的数字为问题规模，一般认为城市数目小于或等于 200 时为小规模问题；大于 200 且小于或等于 1000 时为中等规模问题；大于 1000 时则为大规模问题。

表 3-9   GTSP 测试实例实验结果

测试实例	已知最优解	最小值	最大值	平均值	标准差	偏差率	相对误差
10att48	5394	5394	5394	5394.00	0.00	0.00	0.00
11eil51	174	174	174	174.00	0.00	0.00	0.00
14st70	316	316	316	316.00	0.00	0.00	0.00
16pr76	64925	64925	64925	64925.00	0.00	0.00	0.00
20kroA100	9711	9711	9711	9711.00	0.00	0.00	0.00
20kroB100	10328	10328	10330	10328.13	0.51	0.00	0.00
20kroC100	9554	9554	9554	9554.00	0.00	0.00	0.00
21lin105	8213	8213	8213	8213.00	0.00	0.00	0.00
25pr124	36605	36605	37097	36783.60	122.14	0.00	0.49%
30kroA150	11018	11018	11372	11120.27	77.13	0.00	0.93%
31pr152	51576	51576	52528	51984.60	261.42	0.00	0.79%
32u159	22664	22664	23186	22829.23	140.62	0.00	0.73%
40kroA200	13406	13417	14660	13779.00	239.51	0.08%	2.78%
40kroB200	13111	13151	13963	13577.50	205.78	0.31%	3.56%
53gil262	1013	1017	1127	1048.70	22.31	0.39%	3.52%
60pr299	22615	22658	24364	23264.17	475.68	0.19%	2.87%
64lin318	20765	20812	22602	21604.77	443.27	0.23%	4.04%
84fl417	9651	9651	9996	9847.37	83.35	0.00	2.03%
88pr439	60099	60540	63228	61440.50	559.90	0.73%	2.23%
89pcb442	21657	22581	23734	23108.67	304.01	4.27%	6.70%

在表 3-9 中，偏差率和相对误差的计算公式如下。

$$偏差率 = \frac{最小值 - 已知最优解}{已知最优解} \times 100\% \tag{3-89}$$

$$相对误差 = \frac{平均值 - 已知最优解}{已知最优解} \times 100\% \qquad (3\text{-}90)$$

由表 3-9 可知，在小于 200 个城市的 12 个测试实例及 84fl417 中，IFA 的求解精度均能达到已知最优解的水平，且前 12 个测试实例的相对误差也都低于 1%，尤其是在前 7 个测试实例中，相对误差都是 0，说明每次计算均能达到最优解，因此 IFA 在处理小规模问题时具有可靠的稳定性。对于 200 个及以上城市的测试实例，利用 IFA 也能计算出一个与已知最优解十分接近的解，除 89pcb442 外，偏差率全部小于 0.73%，且相对误差也不超过 4.04%。图 3-69 所示为 14st70、20kroA100、32u159、53gil262 迭代进化曲线图。由图 3-69 可知，只需要经过 2~5 次迭代，算法便能收敛到最终值，因此具有较快的收敛速度。

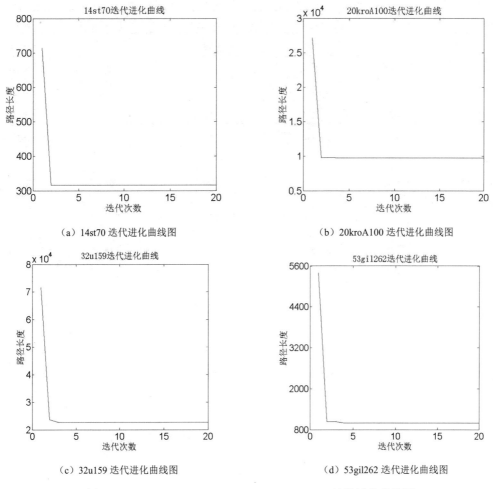

(a) 14st70 迭代进化曲线图

(b) 20kroA100 迭代进化曲线图

(c) 32u159 迭代进化曲线图

(d) 53gil262 迭代进化曲线图

图 3-69　14st70、20kroA100、32u159、53gil262 迭代进化曲线图

为进一步验证 IFA 的有效性，将 IFA 计算出的最好结果与贪婪萤火虫算法（Greedy Firefly Algorithm，GFA）、文献[29]中改进的 ACO 算法、文献[30]中的模拟退火算法及文献[31]中的 GI^3 算法的计算结果进行对比，如表 3-10 所示，最优的结果加粗显示。其中，GFA 的算法思想与 IFA 类似，区别仅表现在萤火虫变异参数 K 的取值不同，GFA 中的 K 设置为 1。

表 3-10　IFA 和其他算法的计算结果比较

测试实例	IFA	GFA	改进的 ACO 算法	模拟退火算法	GI^3 算法
10att48	**5394**	**5394**	—	—	—
11eil51	**174**	**174**	176	—	**174**
14st70	316	316	**315**	—	316
16pr76	**64925**	**64925**	65059	—	**64925**
20kroA100	**9711**	**9711**	9758	—	**9711**
20kroB100	**10328**	**10328**	—	—	**10328**
20kroC100	**9554**	**9554**	9569	—	**9554**
21lin105	**8213**	**8213**	**8213**	—	**8213**
25pr124	**36605**	**36605**	36903	—	36762
30kroA150	**11018**	11040	11470	11027	**11018**
31pr152	**51576**	**51576**	51602	51584	51820
32u159	**22664**	**22664**	—	22916	23254
40kroA200	13417	13577	—	13454	**13406**
40kroB200	13151	13409	—	13117	**13111**
53gil262	**1017**	1053	—	1047	1064
60pr299	**22658**	23537	—	23186	23119
64lin318	**20812**	21586	—	21528	21719
84fl417	**9651**	9655	—	10099	9932
88pr439	**60540**	61650	—	66480	62215
89pcb442	**22581**	23385	—	23811	22936

由表 3-10 可知，在问题规模较小时，IFA 对比其他算法的优势不太明显，但当问题规模较大时，IFA 的求解精度将显著优于其他算法。整体而言，IFA 具有更优的全局优化能力。

3.5.3　改进 DQN 算法

在现有研究中，对于多起点、多终点路径规划问题的求解，人们仍然使用传统的智能优化算法。但强化学习与深度学习也越来越多地被用于求解 TSP 或路径规划问题。在面对未知或动态环境时，深度强化学习能够适应高维复杂的环境信息且有较好的求解性能[32]。深度强化学习在模型的训练过程中需要不断与环境进行互动试错，导致模型容易陷入过拟合且其泛化性较低，所以在面对多起点、多终点路径规划时常常表现较差。常见的基于深度强化学习的算法是针对单起点、单终点路径规划问题进行求解的，在面对实际工业场景中可能出现的多起点、多终点路径规划时表现不佳，常常需要重新训练模型以适应不同的初始输入条件（不同的起点和终点）。本节提出了一种基于多起点、多终点路径规划的改进 DQN 算法，对模型的输入状态和奖励函数进行了设计并改进了模型的训练方法，该算法能够在不同的初始输入条件下，保证 AGV 以较优的路径有效地到达终点，同时还具有一定的扩展性，在终点数量增加时仍能有效地对模型进行扩展而不用重新训练。

1）DQN 算法的简述

DQN 算法将强化学习的 Q-Learning 算法与深度学习进行结合，利用深度的网络结构对 Q 值进行预测，以此确定智能体的行为策略[33]。由于本书篇幅受限且 3.4.2 节已对 Q-Learning 算法进行了介绍，因此对于 Q-Learning 算法的相关理论便不再赘述。DQN 创新性地将人工神经网络引入强化学习，通过构建深度 Q 值网络将 Q 值的计算转化为对网络参数的计算，将 Q 表的更新抽象化为深度网络模型的训练，即

$$Q\left(s,a,\theta\right) \approx Q^{*}\left(s,a\right) \tag{3-91}$$

DQN 算法包含两个重要的机制：Target 网络和经验回放。Target 网络是 Q 值网络的复制。Target 网络和经验回收的不同之处在于，Target 网络的参数更新频率比较低，其作用是在模型训练过程中保存近期的最优 Q 值，并作为 Q 值网络的目标值参与损失函数的计算。

$$L\left(\theta\right) = E\left[\left(y - Q\left(s,a,\theta\right)\right)^{2}\right] \tag{3-92}$$

$$y = r + \gamma \max_{a} Q_{\text{target}}\left(s',a,\theta^{-}\right) \tag{3-93}$$

式中，L 为损失函数；r 为智能体在状态 s 下执行动作 a 运行到状态 s' 获得的环境奖励；θ^{-} 为 Target 网络参数。经验回收定义了一个用 Q 值网络训练的可更新数据集，该数据集中存储

智能体和环境交互过程与结果的数据，如智能体的状态、动作和奖励等。每次训练从数据集中随机抽取一部分数据用以计算损失函数并更新 Target 网络参数，以此打破数据之间的关联性。

2）AGV 的状态描述及设置

AGV 的状态描述如图 3-70 所示。沿用经典的栅格地图法，其中黑色栅格表示阻碍 AGV 通行的障碍物（以状态值-1 表示），白色栅格表示能够通行的通道（以状态值 0 表示），栅格 A 表示 AGV，栅格 G 表示终点，状态值为 1。AGV 只能出现在栅格内，并在相邻八个栅格之间进行移动。深度强化学习网络的输入为智能体的当前状态，针对路径规划问题，该输入一般为 AGV 的当前位置信息或 AGV 视野内部的栅格信息。通常情况下，在栅格地图中可以通过栅格的横纵坐标确定 AGV 的位置，所以 AGV 的状态空间为二维，其范围与栅格地图大小相关。

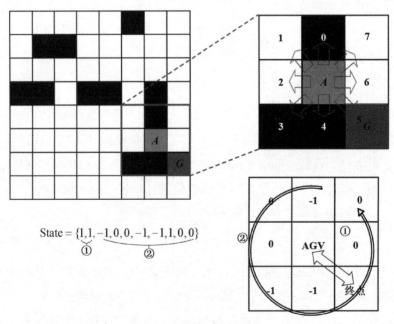

图 3-70 AGV 的状态描述

在改进 DQN 算法中，网络的输入为十维的 AGV 状态，其中前两个维度表示 AGV 与终点之间的位置关系，用以描述当前位置与终点的方位关系，指引 AGV 前进的方向；后八个维度表示当前 AGV 所在栅格周围八个栅格代表的值，用以描述环境，引导 AGV 躲避障碍物。十维状态向量 s 的表示如下。

$$O_x = \begin{cases} 0, \text{if } x_A = x_G \\ \dfrac{x_A - x_G}{|x_A - x_G|}, \text{otherwise} \end{cases} \tag{3-94}$$

$$O_y = \begin{cases} 0, \text{if } y_A = y_G \\ \dfrac{y_A - y_G}{|y_A - y_G|}, \text{otherwise} \end{cases} \tag{3-95}$$

$$V_i = M\left(p'_A(a_i)\right), i \in [1,8] \tag{3-96}$$

$$\boldsymbol{s} = \left[O_x, O_y, V_1, V_2, V_3, V_4, V_5, V_6, V_7, V_8\right] \tag{3-97}$$

式中，x_A、x_G 分别为 AGV 当前位置和终点的横坐标值；y_A、y_G 分别为 AGV 当前位置和终点的纵坐标值；M 为环境的状态函数，根据 AGV 位置输出其当前位置的状态值；a_i 为 AGV 动作空间的动作值；$p'_A(a_i)$ 为执行动作 a_i 后 AGV 的位置。DQN 算法改进的切入点是将原本的具体位置信息转换为相对特征信息，并将 AGV 的周围环境信息融入其中，利用 CNN 也能做到这一点，但却无法在输入的 AGV 状态中包含终点的位置信息。

3）AGV 动作空间设置

因为 AGV 在栅格地图中移动时运行方式有八种，如图 3-70 所示，其动作空间为 {0,1,2,3,4,5,6,7}，所以在强化学习中，设定 AGV 的动作空间为八维，采用 one-hot 编码方式。相较于水平或竖直方向的动作，斜向的动作在一定程度上可以有效减少 AGV 到达终点的步数，所以 AGV 在运行过程中更倾向于选择斜向的动作。而现实是斜向的动作走过的路程更长，所以对于斜向的动作的选择也需要受一定的限制，这一点会在奖励函数的设计上有所体现。因为可选择的动作中包含了斜向的动作，所以 AGV 在运行过程中也会遇到转角和死角，如图 3-71 所示，本书规定 AGV 可选斜向的动作通过转角但无法通过死角，即当 AGV 选择斜向的动作通过死角时会停留在原地。动作的选择使用 ϵ 贪心策略，相应公式如下。

$$a = \begin{cases} \underset{a}{\arg\max} \, Q(\boldsymbol{s}, a, \theta), c \geq \epsilon \\ \text{random action}, c < \epsilon \end{cases} \tag{3-98}$$

式中，Q 为 DQN 算法中的 Q 值网络；θ 为网络参数；$\boldsymbol{s}$ 和 a 分别为网络的输入状态和动作；c 为区间(0,1)内的随机数；ϵ 随着 AGV 运行过程依据式（3-96）逐渐降低，即

$$\epsilon = f + (1-f)\exp\left(-\frac{t}{k}\right) \tag{3-99}$$

式中，f 为 ϵ 降低的非 0 最小值，保证模型具有一定的随机性能使算法跳出局部最优；t 为训练步数；k 为 ϵ 折扣因子用以调整的下降速率。随着 ϵ 逐渐降低，模型的动作选择策略从探索阶段的随机选择转变为根据网络输出选择最大 Q 值索引。

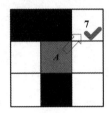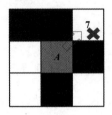

图 3-71　AGV 遇到的转角和死角

4）奖励函数的设计

奖励函数的设计是强化学习中最重要的步骤之一。合理地设计奖励函数能够提高强化学习的训练效率。在改进 DQN 算法中，奖励函数由 r_1、r_2、r_3、r_4 组成。其中，r_1 为 AGV 因陷入死角而不能移动的惩罚，即判断 AGV 相对上一状态有无改变位置，有则置为 0，无则置为 -5，其中包含了 AGV 碰到环境中的障碍物和移动到环境边界外的情况；r_2 为斜向的动作的移动距离平衡惩罚，斜向的动作置为 -0.5，非斜向的动作置为 0，斜向的动作相比于正向的动作需要消耗更多的资源，通过 r_2 的设置可对 AGV 搜索路径的过程进行模拟；r_3 为比较 AGV 当前状态和上一状态分别与终点的曼哈顿距离，若距离缩短，则根据缩短的距离设置奖励值，否则置为 -1，这里将终点位置作为强化学习模型训练的先验知识，能够解决模型训练过程中奖励稀疏性问题，提高训练的效率；r_4 为 AGV 到达终点的奖励，到达置为 10，否则置为 -1，在未到达终点时给予惩罚的目的是保证训练的策略使 AGV 能够尽快到达终点。奖励函数由这四部分相加得出，相应公式如下。

$$r_1 = \begin{cases} -5, p_A = p_A' \\ 0, p_A \neq p_A' \end{cases} \tag{3-100}$$

$$r_2 = \begin{cases} 0, a \in \{0,2,4,6\} \\ -0.5, a \in \{1,3,5,7\} \end{cases} \tag{3-101}$$

$$r_3 = \begin{cases} 1, \left(|x_A - x_G| + |y_A - y_G|\right) < \left(|x_A' - x_G| + |y_A' - y_G|\right) \\ 2, \left(|x_A - x_G| < |x_A' - x_G|\right) \wedge \left(|y_A - y_G| < |y_A' - y_G|\right) \\ 0, \left(|x_A - x_G| + |y_A - y_G|\right) \geqslant \left(|x_A' - x_G| + |y_A' - y_G|\right) \end{cases} \tag{3-102}$$

$$r_4 = \begin{cases} 10, p_A = p_G \\ -1, p_A \neq p_G \end{cases}$$　　　　　（3-103）

$$R = r_1 + r_2 + r_3 + r_4$$　　　　　（3-104）

式中，p 为当前位置，p' 为前一时刻的位置，x 和 y 分别为具体的横纵坐标，下标 A 表示 AGV 的属性，G 表示终点，小写字母 a 表示 AGV 执行的动作。

5）改进 DQN 算法的框架及性能对比

路径规划问题求解的目的是确定一条 AGV 从起点到达终点的最优路径，在深度强化学习中可看作是训练一台 AGV 使其拥有从起点到终点的最优策略，即该 AGV 能够在运行过程中找到去往终点的最优策略。利用改进 DQN 算法进行 AGV 路径规划的具体流程如图 3-72 所示。图 3-72 中方块表示算法中的组件，椭圆表示向组件输入或从组件输出的具体的参数值。算法的流程主要分为两部分：强化学习部分和深度学习部分，这两部分同时运行、相辅相成。强化学习部分的主要功能是与环境交互并为深度学习部分提供训练数据，深度学习部分的主要功能是利用经验回收机制和 Target 网络对 Q 值网络进行训练，不断完善 AGV 在环境中运行的策略参数 θ。

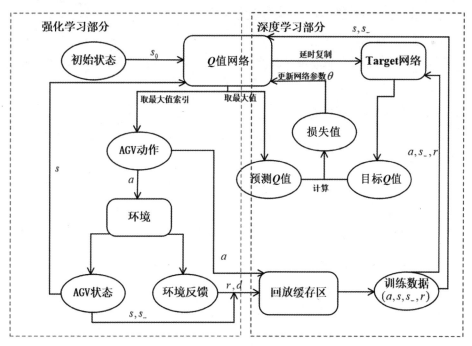

图 3-72　利用改进 DQN 算法进行 AGV 路径规划的具体流程

　　基于强化学习的路径规划算法通常解决的是单起点到单终点的路径规划问题，因为强化学习面对不同起点的路径规划问题时求解的效果较差。在深度学习的训练中，深度学习网络参数训练的数据由强化学习中智能体和环境交互提供。在训练初期的探索阶段，随机的动作能够提供大量的信息。当训练进入利用阶段，模型逐渐收敛同时智能体的动作逐渐靠近最优的策略，此时深度学习网络获得的数据点会局限在最优策略指引下的智能体运行过程周围，所以使用单起点的深度学习路径规划算法的模型容易陷入过拟合[34]。若一个模型陷入过拟合，则该模型的泛化性较低，而提高模型泛化性的方法包含增加训练数据量和适当的剪枝（Dropout）。本节针对多起点、多终点的路径规划问题采用增加训练数据量的方法提高模型的泛化性。在深度学习中，增加训练数据量可以通过增加训练过程的起点来实现，通过选择相关性较低的起点可以有效提高获得数据的丰富程度，以提高模型的泛化性。改进 DQN 算法求解路径规划问题的伪代码如下。

改进 DQN 算法求解路径规划问题的伪代码

初始化回放经验池 D，容量为 N

随机初始化 Q 值网络参数 θ 和 Target 网络参数 $\theta^- = \theta$，设置 batch-size

初始化环境参数，包括终点和障碍物位置

for episode = 1, M do

　　选取初始点位置 p_{A0}，根据位置由式（3-94）～式（3-97）得出 AGV 初始状态 s_0

　　for t = 1, T do

　　　　采用 ϵ 贪婪策略选择动作 a_t

　　　　AGV 执行动作 a，在环境中运行到新的位置并得到下一个状态 s_{t+1} 环境的反馈信息 R_t（奖励）和 d_t（是否到达终点）

　　　　存储（s_t、s_{t+1}、a_t、R_t、d_t）到回放经验池，并得到当前已有数据量 n

　　　　if n >= batch-size do

　　　　　　随机从回放经验池中抽取 batch-size 大小的（s_t、s_{t+1}、a_t、R_t、d_t）数据

　　　　　　根据式（3-92）和式（3-93）计算损失函数，执行梯度下降，更新网络参数

　　　　end if

　　end for

end for

　　将改进 DQN 算法与 DQN 算法[33]、DDQN 算法和 Dueling-DQN 算法进行收敛性能的比

较，构建大小为 20×20 的栅格地图，如图 3-73（a）所示，AGV 起点位于左上方，终点位于右下方。训练参数设置如表 3-11 所示。算法的训练平台为 PyCharm，CPU 为 i7-6500U，显卡为 GeForce 940M。算法训练结果的对比图如图 3-73（b）所示，由该图可以看出改进 DQN 算法相较于其他算法提高了奖励函数的收敛效率，对模型的快速完成训练有促进作用。

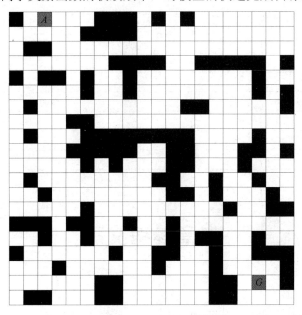

（a）大小为 20×20 的栅格地图

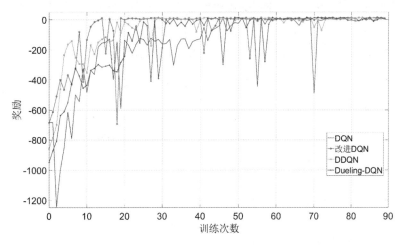

（b）算法训练结果的对比图

图 3-73   随机环境改进算法与其他算法的比较曲线

表 3-11　训练参数设置

参数名		值
折扣因子		0.95
学习率		0.001
网络节点数	第一层	（state_dim,256）
	第二层	（256,256）
	第三层	（256,64）
	第四层	（64,action_dim）
最大探索步		400
每个 epoch 最大步		200
batch_size		32
目标函数参数更新率		5
存储大小		30000

本章参考文献

[1]　Kim B K, Tanaka H, Sumi Y. Topological graph based boundary coverage path planning for a mobile robot[C]. 18th International Symposium on Artificial Life and Robotics (AROB). IEEE, 2013.

[2]　Oommen B J, Iyengar S S, Rao N S V, et al. Robot navigation in unknown terrains using learned visibility graphs. Part I: The disjoint convex obstacle case[J]. IEEE Journal of Robotics and Automation, 1987, 3(6): 672-681.

[3]　Howden W E. The sofa problem[J]. The Computer Journal, 1968, 11(3): 299-301.

[4]　Jia K, Hong J, Li Y L, et al. Research on constructing an approximate topological graph and its path planning[C]. International Confernce on Frontiers of Manufacturing and Design Science, 2011.

[5]　Toan T Q, Sorokin A A, Trang V T H. Using modification of visibility-graph in solving the problem of finding shortest path for robot[C]. 2017 International Siberian Conference on Control

and Communications (SIBCON), 2017.

[6] Wang Y, Liu Q. Robot path planning method based on rough set theory and a genetic algorithm[J]. Agro Food Industry Hi-Tech, 2017, 28(1): 1972-1976.

[7] Niu H L, Savvaris A, Tsourdos A, et al. Voronoi-visibility roadmap-based path planning algorithm for unmanned surface vehicles[J]. Journal of Navigation, 2019, 72(4): 850-874.

[8] Majeed A, Lee S. A fast global flight path planning algorithm based on space circumscription and sparse visibility graph for unmanned aerial vehicle[J]. Electronics, 2018, 7(12): 375.

[9] Holland J H. Adaptation in natural and artificial systems[M]. Ann Arbor: University of Michigan Press, 1975.

[10] Mirjalili S, Mirjalili S M, Lewis A. Grey wolf optimizer[J]. Advances in Engineering Software, 2014, 69: 46-61.

[11] 刘畅, 刘利强, 张丽娜, 等. 改进萤火虫算法及其在全局优化问题中的应用[J]. 哈尔滨工程大学学报, 2017, 38(4): 569-577.

[12] Yang X S. Firefly algorithm, stochastic test functions and design optimisation[J]. International Journal of Bio-Inspired Computation, 2010, 2(2): 78-84.

[13] 徐晓苏, 袁杰. 基于改进强化学习的移动机器人路径规划方法[J]. 中国惯性技术学报, 2019, 27(3): 314-320.

[14] 马磊, 张文旭, 戴朝华. 多机器人系统强化学习研究综述[J]. 西南交通大学学报, 2014, 49(6): 1032-1044.

[15] Khatib O. Real-time obstacle avoidance for manipulators and mobile robots[J]. International Journal of Robotics Research, 1986, 5(1): 90-98.

[16] Sichkar V N. Reinforcement learning algorithms in global path planning for mobile robot[C]. 2019 International Conference on Industrial Engineering, Applications and Manufacturing (ICIEAM), 2019.

[17] Chisman J A. The clustered traveling salesman problem[J]. Computers & Operations Research, 1975, 2(2): 115-119.

[18] Srinivas M, Patnaik L M. Adaptive probabilities of crossover and mutation in genetic

algorithms[J]. IEEE Transactions on Systems, Man, and Cybernetics, 1994, 24(4): 656-667.

[19] Reinelt G. TSPLIB- a traveling salesman problem library[J]. INF ORMA Journal on Computing, 1991, 3(4): 376-384.

[20] Ahmed Z H. An exact algorithm for the clustered travelling salesman problem[J]. Opsearch: Journal of the Operational Research Society of India, 2012, 50(2): 215-228.

[21] Ahmed Z H. The ordered clustered travelling salesman problem: a hybrid genetic algorithm[J]. The Scientific World Journal, 2014.

[22] Henry-Labordere A L. The record balancing problem: a dynamic programming solution of a generalized traveling salesman problem[J]. RAIRO Operations Research, 1969, B2: 43-49.

[23] Saksena J P. Mathematical model of scheduling clients through welfare agencies[J]. Canadian Operational Research Society Journal, 1970, 8(3): 185-200.

[24] Srivastava S, Kumar S, Garg R C, et al. Generalized traveling salesman problem through n sets of nodes[J]. Canadian Operational Research Society Journal, 1969, 7(2): 97-101.

[25] Lourenco H R, Martin O C, Stutzle T. Iterated local search[J]. Economics Working Papers, 2002, 32(3): 320-353.

[26] Hougardy S, Zaiser F, Zhong X H. The approximation ratio of the 2-opt heuristic for the metric traveling salesman problem[J]. Operations Research Letters, 2020, 48(4): 401-404.

[27] 周永权, 黄正新. 求解 TSP 的人工萤火虫群优化算法[J]. 控制与决策, 2012, 27(12): 1816-1821.

[28] Fischetti M, González J J S, Toth P. A branch-and-cut algorithm for the symmetric generalized traveling salesman problem[J]. Operations Research, 1997, 45(3): 378-394.

[29] Yang J H, Shi X H, Marchese M, et al. An ant colony optimization method for generalized TSP problem[J]. Progress in Natural Science, 2008, 18(11): 1417-1422.

[30] Tang X L, Yang C H, Zhou X J, et al. A discrete state transition algorithm for generalized traveling salesman problem[J]. Control Theory & Applications, 2013, 30(8):1040-1046.

[31] Renaud J, Boctor F F. An efficient composite heuristic for the symmetric generalized traveling salesman problem[J]. European Journal of Operational Research, 1998, 108(3): 571-584.

[32] Garaffa L C, Basso M, Konzen A A, et al. Reinforcement Learning for Mobile Robotics Exploration: A Survey[J]. IEEE Transactions on Neural Networks and Learning Systems, 2021, 1-15.

[33] Mnih V, Kavukcuoglu K, Silver D, et al. Playing Atari with Deep Reinforcement Learning[J]. Computer Science, 2013.

[34] Pan X L, Wang W Y, Zhang X S, et al. How you act tells a lot: privacy-leakage attack on deep reinforcement learning[C]. 18th International Conference on Autonomous Agents and MultiAgent Systems (AAMAS), 2019.

第 4 章 多 AGV 协同控制

上文已经对单 AGV 路径规划技术进行了阐述,并给出了一些最新的智能优化算法。事实上,在大型工厂中,AGV 作为智能制造的关键运行设备,单台 AGV 难以完成全部调度任务,为提高生产和运输效率,必须使用多 AGV 物料运输系统。相比单台 AGV,多 AGV 路径规划问题更加复杂,一方面障碍物数目增加,另一方面也存在 AGV 在运行路径中产生竞争和碰撞问题,因此需要考虑其控制与调度问题。为此本章首先分析 AGV 在调度时常面临的几种冲突现象,再用栅格地图法给出一个工厂的仿真地图,并使用上文中的路径规划算法,展示一个多 AGV 物料运输系统中 AGV 的协同控制策略和调度结果,最后给出基于图神经网络的共融 AGV 自主作业调度。

4.1 多 AGV 物料运输系统的控制方法

多 AGV 物料运输系统的协同控制必然需要各台 AGV 之间能够实现信息交互,因而群体控制系统不仅作为传达 AGV 信号的载体,同时还是实现资源共享、任务分配的重要组成部分。一个合理的系统控制结构,需要实现各台 AGV 之间的信息交互与控制结构交互,使其紧密结合。放眼全局,每台 AGV 既是独立的个体,也是能够影响大群体的"关键棋子"。多 AGV 群体控制系统的结构如图 4-1 所示。多 AGV 群体控制系统的结构一般分为集中式控制结构和分布式控制结构[1]。集中式控制结构如图 4-1(a)所示,系统中仅存在一个主控单元。该单元集中掌握着系统的全局信息,并且整个单元的所有 AGV 信息都集中在主控单元中,系统所有的信息将进行集中式处理,工作任务与资源由主控单元分配给每台 AGV,AGV 只需要负责数据的输入和输出,而数据的存储和控制处理则由主控单元负责。集中式控制结构较为简单,系统管理方便，较少出现局部最优解的问题，但是也存在较多缺点，具体内容如下。

（1）在庞大的多AGV物料运输系统中，AGV数量越多则意味着集中控制方法的计算复杂度将呈指数级增长，系统反应速度越慢，导致机器人工作效率大幅降低。

（2）主控单元出现故障，将导致整个系统陷入瘫痪。

（3）当作业工作空间相对复杂时，也会导致数据的计算量增大，影响整个系统的工作时间。因此，集中式控制结构普遍适用于AGV数量较少且工作环境较为简单的场景。

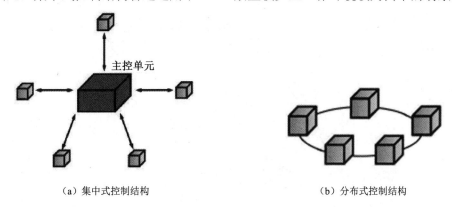

（a）集中式控制结构　　　　　　　　　　（b）分布式控制结构

图4-1　多AGV群体控制系统的结构

分布式控制结构如图4-1（b）所示，系统中不存在主控单元，即各台AGV之间都是均等的，不存在控制与受控的关系。数据分散于每台AGV中，不需要频繁地传输到主控单元中，并且各台AGV之间可以实现信息交互，从而能自主处理实时数据并根据获取到的数据合理规划出一条路径。在分布式控制结构中，人们可以更加方便地增加AGV的数量，灵活性较高。该结构适用于动态环境下的工作空间。分布式控制结构的缺点如下。

（1）缺乏全局时钟性，分布式控制结构是多台AGV随机分布的结果，分布性明显，在信息交互过程中，由于系统缺乏全局控制排序，因此AGV在遇到特殊情况时可能出现相应的任务冲突的情况。

（2）个体性强：每台AGV都是一个独立的个体，处于同一等级中，因此AGV之间的协调合作难以实现。

（3）局限性：获取环境信息的途径有一定的限制，难以实现全局最优解。

上述2种多AGV群体控制系统的结构各有千秋，而为了最大限度地减少多AGV物料运输系统中可能出现的各种异常和问题，多AGV群体控制系统的结构通常采用混合式控制结构[1]，即对上述2种结构进行融合，如图4-2所示。混合式控制结构通过一个主控单元来控制所有 AGV，获取它们的当前位置、周围环境、处理数据和制定策略等信息，为每一台 AGV 提供最新的系统全局信息，而多台 AGV 之间又采用分布式控制结构，使其成为一个一个独立又平等的"个体"，与系统内其他 AGV 实现信息的传输与交互，并由主控单元获取系统全局信息以自主规划路径。混合式控制结构结合了分布式控制结构和集中式控制结构的优点，取长补短，有利于为 AGV 求解全局和局部路径规划问题的最优解，实现多 AGV 之间的协同控制与调度，在一定程度上提高了工作效率，适用于环境复杂多变且任务量较大的场景。

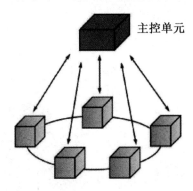

图 4-2　混合式控制结构

4.2　多 AGV 物料运输系统的调度原则

多 AGV 物料运输系统在对多任务和多 AGV 进行调度时，采用不同的调度方案，可能会使物料的运输时间、运输路线、运输成本各不相同，因此其在采用调度方案时应该遵循某些调度原则。现在工厂通常使用的调度原则主要有[2]行驶路径最短原则、等待时间最短原则、AGV 配置数量最少原则、成本最低原则。上述不同调度原则考虑的侧重点不相同，详情如下。

（1）行驶路径最短原则。

在对任务进行调度时，人们应该遵循行驶路径最短原则对任务进行路径分配和优化，采用此原则虽然能够保证 AGV 行驶路径最短，但可能会延长任务的完成时间及提高行驶成本。

（2）等待时间最短原则。

等待时间最短原则是指在进行任务调度时使 AGV 等待时间最短。等待时间主要包括空闲等待时间和冲突等待时间。空闲等待时间是指当地面控制系统收到工位上传来的请求任务时，系统响应此任务所需要的等待时间，即系统的运算时间，与系统的计算能力有关。冲突等待时间存在于多 AGV 物料运输系统中，是 AGV 在运行过程中出现路径冲突时所需要等待的时间，与冲突解决策略及 AGV 的运行速度有关。

（3）AGV 配置数量最少原则。

对于特定工厂场景和特定工作强度的物料调度任务，其需要的 AGV 数量是一定的。若 AGV 数量过多，则会使部分 AGV 由于接收不到调度任务而长时间处于空闲状态，造成 AGV 资源浪费，不利于企业降低生产和运输成本。反之，若 AGV 数量过少，则可能造成调度任务等待时间过长，工厂中物流运行不畅，从而影响工厂物料运输效率。故在配置 AGV 数量时，应当综合考虑多方面因素，在保证工厂物料运输效率的前提下，尽可能减少投入使用的 AGV 数量，从而在提高 AGV 利用率的同时降低运输成本。

（4）成本最低原则。

最低成本是多 AGV 物料运输系统的关键指标之一。行驶路径最短原则、等待时间最短原则和 AGV 配置数量最少原则的最终目的是降低多 AGV 物料运输系统的成本。可以理解为成本最低原则是由上述 3 种原则按照一定加权系数得到的。多 AGV 物料运输系统的成本是由系统资源决定的，降低成本的实质就是使有限的系统资源发挥最大的功能。

4.3　AGV 的路径冲突现象

在多 AGV 物料运输系统中，各 AGV 需要执行各自的调度任务，因此难免会出现路径冲突现象。路径冲突的类型可分为赶超冲突、相向冲突和节点冲突，如图 4-3 所示。

（1）赶超冲突是指 2 台 AGV 在相同的运行路径上同向行驶，当后车的速度大于前车时，经过一段时间后后车撞上前车的冲突，因此也称其为追尾式冲突。赶超冲突的解决方法通常是在 AGV 车体上安装超声波或红外等测距传感器，当红外等测距传感器测距结果小于一定阈值时，表示后车可能会撞上前车，因此降低后车的速度或进行局部路径规划，对后车的运行路径进行微调，从而避免后车与前车发生碰撞。

（2）相向冲突是指 2 台 AGV 在相同的运行路径上相向而行产生的冲突。只调整 AGV 的速度是无法避免相向冲突的。相向冲突的解决方法是微调任意一台 AGV 的运行路径。

（3）节点冲突是指 2 台 AGV 以不同的运行路径和不同的方向行驶，但运行路径之间存在交叉节点，当 2 台 AGV 同时到达交叉节点时，便会出现节点冲突，此时 2 台 AGV 将互视为障碍物，若不解决该冲突，则会造成死锁现象。节点冲突常用的解决方法包括低优先级 AGV 调整速度来错开 2 台 AGV 对该节点的占用时间；低优先级 AGV 停止并等待；低优先级 AGV 将高优先级 AGV 视为动态障碍物，从而进行动态路径规划实现避障。

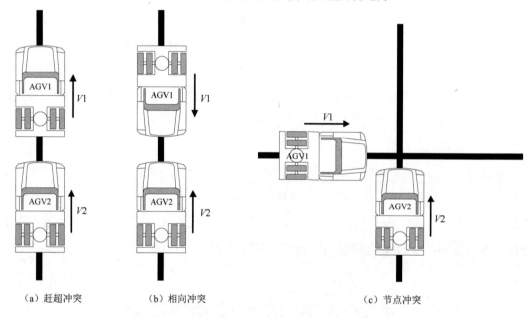

|(a) 赶超冲突|(b) 相向冲突|(c) 节点冲突|

图 4-3　路径冲突的类型

4.4　工厂仿真环境的构建

在大小为 100×100 的栅格地图（一共 10000 个栅格）中构建图 4-4 所示的仿真环境，表示工厂的布局，包括 2 个物料仓（S_1 和 S_{18}，大小为 5×5）、16 个加工区域（S_2～S_{17}，大小为 10×20，其中 S_2～S_4 属于 A 组，S_5～S_9 属于 B 组，S_{10}～S_{14} 属于 C 组，S_{15}～S_{17} 属于 D 组）、1 台加工区域间 AGV（大小为 1×1，记为 AGV）。

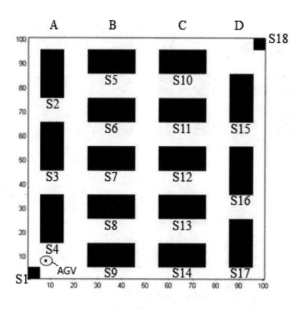

图 4-4　仿真环境

加工区域内部的地图如图 4-5 所示，即每个加工区域均设有 15 台加工机器（大小为 2×2）和 1 台加工区域内的 AGV（大小为 1×1，记为 AGV_i，i 为加工区域的编号，$2 \leqslant i \leqslant 17$）。B组和 C 组的加工区域设有 3 道工序，每道工序包含 5 台加工机器；A 组和 D 组的加工区域设有 5 道工序，每道工序包含 3 台加工机器。工序记为 O_{ij}，i 为加工区域的编号，j 为工序编码，名称为 a～e。加工机器记为 M_{ijk}，i 和 j 的含义与工序相同，k 表示第 i 个加工区域中第 j 道工序左起的第 k 台加工机器。此外，每台加工机器均配备一个物料存储点。

（1）物料中转站。

物料中转站的作用是便于加工区域间 AGV 与加工区域内 AGV 之间实现物料转接。加工区域间 AGV 将区域内加工机器所需要的原料卸在物料中转站，加工区域内 AGV 来物料中转站装载原料并将其运输至各道工序的加工机器进行加工作业。在所有工序加工完成后，加工区域内 AGV 先将成品运输至物料中转站，再由加工区域间 AGV 转运成品至物料仓。每个加工区域均在加工区域的外侧设有一个物料中转站，其大小为 3×3。物料中转站的位置用中心点的坐标编码来表示。图 4-6 所示为加工区域对应的物料中转站可选区域（记为 $S'_2 \sim S'_{17}$，即各自对应的加工区域外围），设定在同等条件下将优先选择将物料中转站设置可选区域的 4 个角落。

165

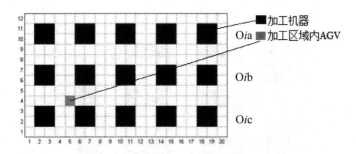

（a）B 组和 C 组加工区域地图

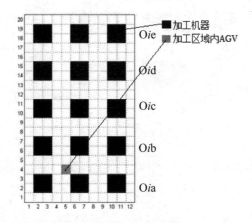

（b）A 组和 D 组加工区域地图

图 4-5　加工区域内部的地图

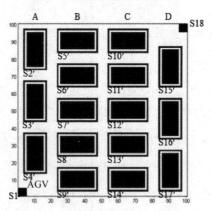

图 4-6　加工区域对应的物料中转站可选区域

（2）物料存储点。

物料存储点的作用是存放加工区域内 AGV 运来的原料及半成品或加工机器完成作业后

的物料，物料在此处等待加工区域内 AGV 前来装载运输。每台加工机器均配有一个物料存储点，其大小为 1×1。物料存储点的位置取决于物料中转站的位置，具体规则为，当物料中转站位于加工区域的左上角或右上角时，该区域内的物料存储点设置在加工机器的左上方或右上方；当物料中转站位于加工区域的左下角或右下角时，该区域内的物料存储点设置在加工机器的左下方或右下方。

（3）工序和加工机器布局。

工序和加工机器布局应遵循就近原则，即当物料存储点设置在靠近加工区域的上半区时，"自上而下"地安排工序，最上方设置工序为 a 的加工机器，往下以此类推；当物料存储点设置在靠近加工区域的下半区时，"自下而上"地安排工序，最下方设置工序为 a 的加工机器，往上以此类推。

为简化计算，人们做出以下理想化假设。

（1）物料中转站和物料存储点不算作障碍物，它们所占区域属于 AGV 的可运行区域，且两者之间允许存在重叠区域。

（2）物料中转站和物料存储点可存放足够多的物料，并且物料不会超出轮廓范围。

（3）障碍物（加工机器）是静态的且具有明确位置信息，在动态路径规划中，需要考虑加工区域间 AGV 与加工区域内 AGV 的运行位置，在任意时刻，所有 AGV 的位置均是已知、可监测的。

（4）不同加工区域中不存在任务优先级，且加工区域间 AGV 不会发生故障。

（5）物料仓可同时存放原料和成品。

（6）AGV 的电量充足，不必设置充电站，AGV 只能有上、下、左、右方向的运动。

（7）忽略物料装卸的时间，只考虑 AGV 运行时间和加工机器加工时间，加工机器具有相同的加工能力，所有加工区域内 AGV 的速度也相同。

因此，对于多 AGV 物料运输系统，需求点如下。

（1）确定物料中转站和物料存储点选址。

（2）加工区域间 AGV 负责将原料从物料仓运输至加工区域对应的物料中转站，同时也要将物料中转站加工好的成品运输至物料仓，加工区域间 AGV 不会进入加工区域内部，因此要为加工区域间 AGV 规划一条遍历物料仓和所有加工区域的最优路径。

（3）加工区域内 AGV 的任务包括将物料中转站处的物料运输至第 1 道工序加工机器旁的物料存储点；将半成品运输至下一道工序进行加工；将成品运输至物料中转站。理想情况下，应对每个加工区域考虑工序优先级，规划一条最优路径，使加工区域内 AGV 能在加工机器正常连续作业情况下实现对不同加工机器的遍历。

（4）多 AGV 之间路径冲突的解决。当系统运行时，加工区域间 AGV 与加工区域内 AGV 可能会出现竞争路径的情况，造成 AGV 死锁而无法正常运行，因此当路径冲突出现时要及时解决。

（5）面对异常情况，即当加工机器发生故障时，设计动态路径规划算法规避其对应的物料存储点，并直接前往下一个物料存储点；当加工区域内 AGV 发生故障时，制定调度规则并利用动态路径规划算法合理调度其他加工区域内 AGV 前来作业。

结合第 3 章中的算法，此处采用 IFA 来解决需求点（1）中物料中转站选址及需求点（2）的最优路径问题；采用 IAGSAA 来解决需求点（1）中物料存储点选址及需求点（3）的最优路径问题；采用改进 Q-Learning 算法来解决需求点（4）和需求点（5）中的问题。需求流程图如图 4-7 所示[3]。

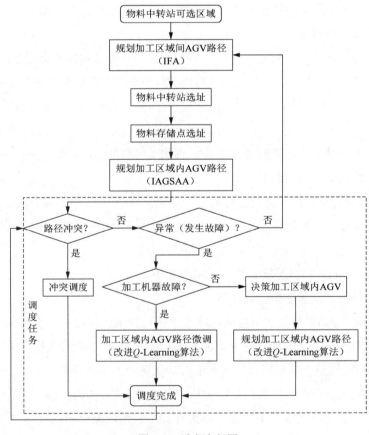

图 4-7　需求流程图

4.5 物料中转站的选址与区域间 AGV 最优路径

对当前的仿真环境，首先划分出 18 个点群，包括 2 个物料仓（S_1 和 S_{18}）和 16 个物料中转站可选区域（$S_2' \sim S_{17}'$），S_1 和 S_{18} 中均只有一个顶点，坐标为(3,3)和(98,98)，其余每个点群中都包含 72 个顶点。由于 AGV 的运动方向被约束在上、下、左、右方向，因此采用曼哈顿距离来表示路径长度。在二维空间中，点 (x_i, x_j) 与点 (y_i, y_j) 之间的曼哈顿距离计算公式如下。

$$d(i,j) = |x_i - y_i| + |x_j - y_j| \tag{4-1}$$

在 GTSP 中，路径是一条哈密顿回路，即路径的起点与终点相同，而在实际场景中，加工区域间 AGV 的路径则是以 2 个物料仓中心为起点和终点来串联所有物料中转站的，不妨假设 AGV 的初次遍历以 S_1 为出发点群，以 S_{18} 为到达点群；下一次则以 S_{18} 为出发点群，以 S_1 为到达点群，如此循环往复。若路径编码为($s_1, s_2, \cdots, s_{18}$)，则单次遍历的路径长度表达式如下。

$$L_s = \sum_{i=1}^{17} d(s_i, s_{i+1}) \tag{4-2}$$

使用 FA 对路径进行 10 次计算，虽然存在多条最优路径，但它们的总长度（曼哈顿距离）都是 338，因此从最优路径中选择一条路径作为此次计算的最终结果，进而得到 16 个物料中转站的具体坐标，将 $S_2 \sim S_{17}$ 加工区域对应的物料中转站依次记为 $MTS_2 \sim MTS_{17}$。加工区域间 AGV 的路径规划结果如图 4-8 所示。物料中转站的位置坐标如表 4-1 所示。

当加工区域间 AGV 在物料中转站间的运行次数为奇数次时，AGV_1 的运行路径为 $S_1 \rightarrow MTS_4 \rightarrow MTS_9 \rightarrow MTS_8 \rightarrow MTS_7 \rightarrow MTS_3 \rightarrow MTS_2 \rightarrow MTS_6 \rightarrow MTS_5 \rightarrow MTS_{10} \rightarrow MTS_{11} \rightarrow MTS_{12} \rightarrow MTS_{13} \rightarrow MTS_{14} \rightarrow MTS_{17} \rightarrow MTS_{16} \rightarrow MTS_{15} \rightarrow S_{18}$。

当加工区域间 AGV 在物料中转站间的运行次数为偶数次时，AGV_1 的运行路径为 $S_{18} \rightarrow MTS_{15} \rightarrow MTS_{16} \rightarrow MTS_{17} \rightarrow MTS_{14} \rightarrow MTS_{13} \rightarrow MTS_{12} \rightarrow MTS_{11} \rightarrow MTS_{10} \rightarrow MTS_5 \rightarrow MTS_6 \rightarrow MTS_2 \rightarrow MTS_3 \rightarrow MTS_7 \rightarrow MTS_8 \rightarrow MTS_9 \rightarrow MTS_4 \rightarrow S_1$。

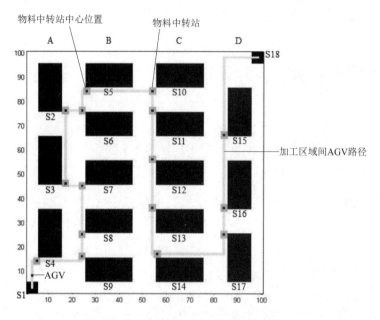

图 4-8　加工区域间 AGV 的路径规划结果

表 4-1　物料中转站的位置坐标

物料中转站	坐标	物料中转站	坐标	物料中转站	坐标	物料中转站	坐标
MTS2	(17,76)	MTS6	(24,76)	MTS10	(54,84)	MTS14	(56,17)
MTS3	(17,46)	MTS7	(24,45)	MTS11	(54,76)	MTS15	(84,66)
MTS4	(5,14)	MTS8	(24,25)	MTS12	(54,56)	MTS16	(84,36)
MTS5	(26,84)	MTS9	(24,16)	MTS13	(54,36)	MTS17	(84,25)

4.6　物料存储点的选址与加工区域内 AGV 最优路径

加工区域内 AGV 的路径以物料中转站为起点，按照工序的先后顺序遍历加工区域内 15 台加工机器所对应的物料存储点，最后回到物料中转站，共有 16 个顶点。类比 OCTSP 的描述[4]，将除物料中转站（起点）外的其余 15 个顶点聚类为(5,5,5)和(3,3,3,3,3)的形式，将各个区域内加工机器和物料中转站的坐标代入 IAGSAA 中进行计算，得到图 4-9 所示的加工区域内 AGV 的路径规划结果，而最优路径顺序及长度如表 4-2 所示，同样地，路径长度依然用曼哈顿距离来表示。

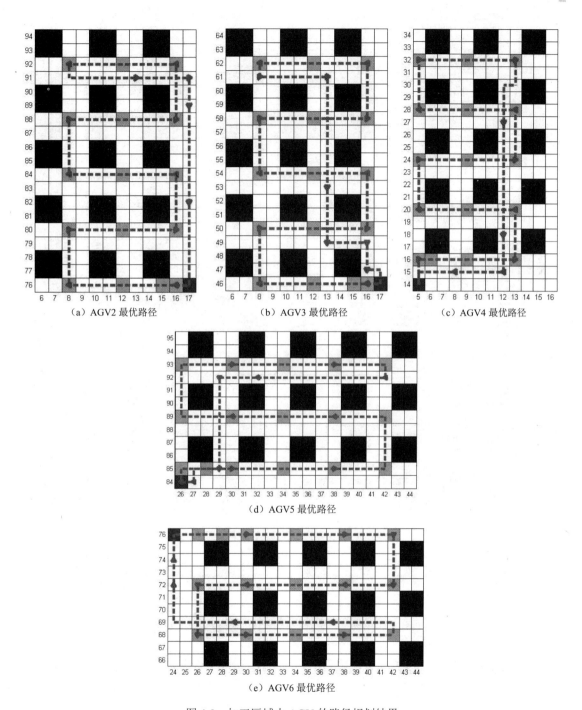

（a）AGV2 最优路径　　　（b）AGV3 最优路径　　　（c）AGV4 最优路径

（d）AGV5 最优路径

（e）AGV6 最优路径

图 4-9　加工区域内 AGV 的路径规划结果

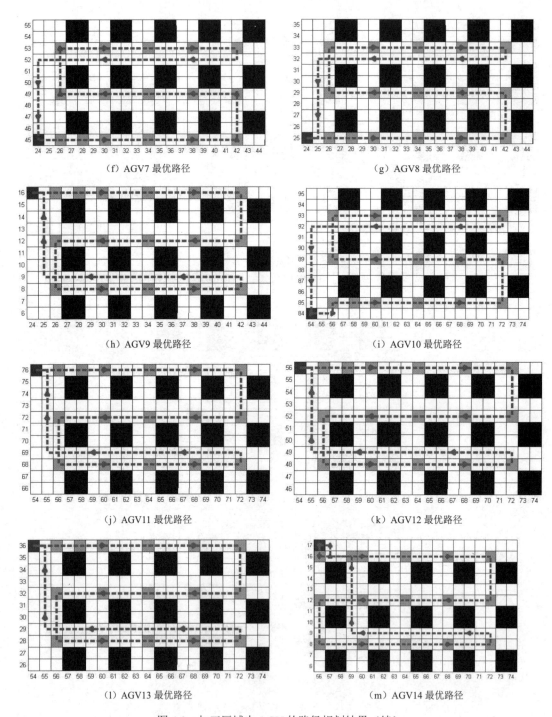

（f）AGV7 最优路径 　　　　　（g）AGV8 最优路径

（h）AGV9 最优路径 　　　　　（i）AGV10 最优路径

（j）AGV11 最优路径 　　　　　（k）AGV12 最优路径

（l）AGV13 最优路径 　　　　　（m）AGV14 最优路径

图 4-9　加工区域内 AGV 的路径规划结果（续）

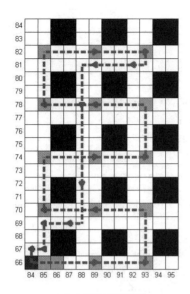

（n）AGV15 最优路径

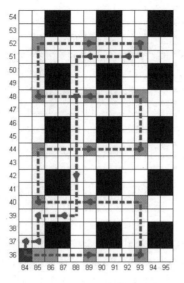

（o）AGV16 最优路径

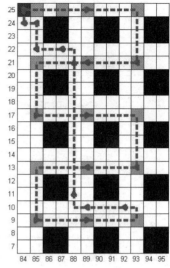

（p）AGV17 最优路径

图 4-9　加工区域内 AGV 的路径规划结果（续）

表 4-2　加工区域内 AGV 的最优路径顺序及长度

AGV 编号	路径顺序	长度
AGV2	(MST2,MSP2a3, MSP2a2, MSP2a1, MSP2b1, MSP2b2, MSP2b3, MSP2c3, MSP2c2, MSP2c1, MSP2d1, MSP2d2, MSP2d3, MSP2e3, MSP2e2, MSP2e1)	82
AGV3	(MST3, MSP3a3, MSP3a2, MSP3a1, MSP3b1, MSP3b2, MSP3b3, MSP3c3, MSP3c2, MSP3c1, MSP3d1, MSP3d2, MSP3d3, MSP3e3, MSP3e2, MSP3e1)	82
AGV4	(MST4, MSP4a1, MSP4a2, MSP4a3, MSP4b3, MSP4b2, MSP4b1, MSP4c1, MSP4c2, MSP4c3, MSP4d3, MSP4d2, MSP4d1, MSP4c1, MSP4c2, MSP4c3)	84
AGV5	(MST5, MSP5a1, MSP5a2, MSP5a3, MSP5a4, MSP5a5, MSP5b5, MSP5b4, MSP5b3, MSP5b2, MSP5b1, MSP5c1, MSP5c2, MSP5c3, MSP5c4, MSP5c5)	82
AGV6	(MST6, MSP6a1, MSP6a2, MSP6a3, MSP6a4, MSP6a5, MSP6b5, MSP6b4, MSP6b3, MSP6b2, MSP6b1, MSP6c1, MSP6c2, MSP6c3, MSP6c4, MSP6c5)	84
AGV7	(MST7, MSP7a1, MSP7a2, MSP7a3, MSP7a4, MSP7a5, MSP7b5, MSP7b4, MSP7b3, MSP7b2, MSP7b1, MSP7c1, MSP7c2, MSP7c3, MSP7c4, MSP7c5)	84
AGV8	(MST8, MSP8a1, MSP8a2, MSP8a3, MSP8a4, MSP8a5, MSP8b5, MSP8b4, MSP8b3, MSP8b2, MSP8b1, MSP8c1, MSP8c2, MSP8c3, MSP8c4, MSP8c5)	84
AGV9	(MST9, MSP9a1, MSP9a2, MSP9a3, MSP9a4, MSP9a5, MSP9b5, MSP9b4, MSP9b3, MSP9b2, MSP9b1, MSP9c1, MSP9c2, MSP9c3, MSP9c4, MSP9c5)	84
AGV10	(MST10, MSP10a1, MSP10a2, MSP10a3, MSP10a4, MSP10a5, MSP10b5, MSP10b4, MSP10b3, MSP10b2, MSP10b1, MSP10c1, MSP10c2, MSP10c3, MSP10c4, MSP10c5)	86

续表

AGV 编号	路径顺序	长度
AGV11	(MST11, MSP11a1, MSP11a2, MSP11a3, MSP11a4, MSP11a5, MSP11b5, MSP11b4, MSP11b3, MSP11b2, MSP11b1, MSP11c1, MSP11c2, MSP11c3, MSP11c4, MSP11c5)	84
AGV12	(MST12, MSP12a1, MSP12a2, MSP12a3, MSP12a4, MSP12a5, MSP12b5, MSP12b4, MSP12b3, MSP12b2, MSP12b1, MSP12c1, MSP12c2, MSP12c3, MSP12c4, MSP12c5)	84
AGV13	(MST13, MSP13a1, MSP13a2, MSP13a3, MSP13a4, MSP13a5, MSP13b5, MSP13b4, MSP13b3, MSP13b2, MSP13b1, MSP13c1, MSP13c2, MSP13c3, MSP13c4, MSP13c5)	84
AGV14	(MST14, MSP14a1, MSP14a2, MSP14a3, MSP14a4, MSP14a5, MSP14b5, MSP14b4, MSP14b3, MSP14b2, MSP14b1, MSP14c1, MSP14c2, MSP14c3, MSP14c4, MSP14c5)	82
AGV15	(MST15, MSP15a1, MSP15a2, MSP15a3, MSP15b3, MSP15b2, MSP15b1, MSP15c1, MSP15c2, MSP15c3, MSP15d3, MSP15d2, MSP15d1, MSP15e1, MSP15e2, MSP15e3)	82
AGV16	(MST16, MSP16a1, MSP16a2, MSP16a3, MSP16b3, MSP16b2, MSP16b1, MSP16c1, MSP16c2, MSP16c3, MSP16d3, MSP16d2, MSP16d1, MSP16e1, MSP16e2, MSP16e3)	82
AGV17	(MST17, MSP17a1, MSP17a2, MSP17a3, MSP17b3, MSP17b2, MSP17b1, MSP17c1, MSP17c2, MSP17c3, MSP17d3, MSP17d2, MSP17d1, MSP17e1, MSP17e2, MSP17e3)	82

4.7　多 AGV 物料运输系统可视化平台

为便于后续进行动态调度，本节使用 MATLAB R2014a 工具设计了一个多 AGV 物料运输系统可视化平台，其初始化如图 4-10 所示。在平台的初始化状态下，系统运行时间显示为 0，AGV_1 位于左下角的物料仓内，AGV_i（$2 \leqslant i \leqslant 17$）位于对应加工区域的物料中转站中心位置。

整个平台大致可以分成以下 6 块区域。

（1）系统运行控制区，在此区域内，人们可以通过单击不同按钮对系统的运行进行实时控制，同时该区域也会显示系统运行时间，时间以秒为单位。

（2）AGV 速度设置区，通过在 2 个可编辑文本框内输入数值，进行加工区域间 AGV 和加工区域内 AGV 速度的设定。例如，当分别在"加工区域间 AGV 速度"文本框和"加工区域内 AGV 速度"文本框中输入"1"和"2"时，表示前者速度为 1 栅格/s，后者速度为 2 栅格/s。

（3）AGV 位置及故障 AGV 选择区，"AGV 位置"文本框中显示的内容为 AGV 的实时坐标，当某台 AGV 出现故障时，单击其编号左侧的单选按钮进行标记。

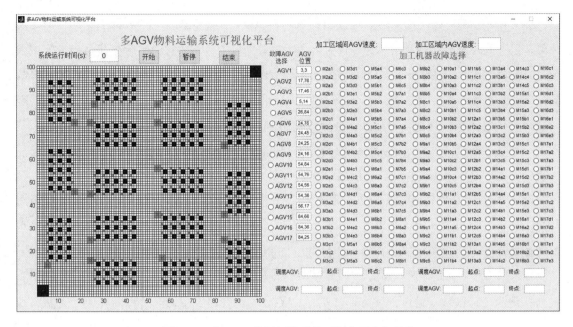

图 4-10 多 AGV 物料运输系统可视化平台初始化

（4）加工机器故障选择区，用于标记出现故障的加工机器，点击加工机器 M_{ijk} 左侧的单选按钮表示该加工机器出现故障。

（5）调度结果显示区，3 个可编辑文本框中依次显示需要调度 AGV 的编号、起点坐标及终点坐标，最多可以同时调度 4 台 AGV。

（6）地图显示区，实时显示整个区域多 AGV 物料运输系统的运行状态，同时调度 AGV 的路径结果也在此区域内显示。

多 AGV 物料运输系统可视化平台的运行操作说明如下。

（1）设定加工区域间 AGV 速度和加工区域内 AGV 速度。

（2）单击"开始"按钮，系统运行时间开始累加，系统开始运行，地图上显示执行区域间调度任务的 AGV_1 的运行路径，系统中所有 AGV 以设定的速度沿着预设的路径前进（静态路径规划），AGV 的坐标会实时更新并在"AGV 位置"文本框中显示；若此时单击"暂停"按钮，则系统运行时间停止累加，AGV 也暂停运动，停在原地；若单击"结束"按钮，则系统回到初始化状态。

（3）若要修改 AGV 的速度，首先单击"暂停"按钮，然后在可编辑文本框中重新输入预设的 AGV 速度，再次单击"开始"按钮，AGV 便以修改后的速度运行。

（4）单击 AGV 编号左侧的单选按钮，表示该 AGV（如 AGV_2，其坐标为 (x_2, y_2)）出现故障，则进入动态路径规划子程序，首先将 AGV_2 在平台上标记出来，然后在其余加工区域内 AGV 中找出当前时刻距离故障 AGV 最近的一台 AGV（如 AGV_5，其坐标为 (x_5, y_5)），将故障 AGV 的调度任务指派给 AGV_5，使 AGV_5 实现从起点坐标 (x_5, y_5) 至终点坐标 (x_2, y_2) 的动态路径规划，并将相应结果在对应的可编辑文本框和地图中显示。

（5）将故障 AGV 选择区的单选按钮设为非选中状态，表示 AGV 恢复正常工作（如 AGV_2），则 AGV_2 从 (x_2, y_2) 处开始继续移动，且 AGV_5 从当前位置回到 (x_5, y_5)。

（6）单击加工机器 M_{ijk} 左侧的单选按钮，表明 M_{ijk} 发生故障，将其对应的物料存储点 MSP_{ijk} 标记为非可行区域（灰色），调度 AGV 绕开该区域，规划一条从当前位置到下一个物料存储点的路径，由于障碍物环境发生改变，因此该过程属于动态路径规划。

（7）将故障加工机器 M_{ijk} 左侧单选按钮设为非选中状态，表示 M_{ijk} 恢复正常，并将 MSP_{ijk} 重新标记为可行区域（粉色），将该区域加入 AGV 的运行路径中，此过程同样属于动态路径规划。

对于路径冲突问题，设置的 AGV 的优先级为加工区域间 AGV（第 1 级 AGV）> 非执行调度任务的加工区域内 AGV（第 2 级 AGV）> 执行调度任务的加工区域内 AGV（第 3 级 AGV），对于 2 个同时在执行调度任务的加工区域内 AGV，设定较早接受调度任务的 AGV 优先级更高，从而可以制定如下冲突解决策略。

（1）第 1 级 AGV 与第 2 级 AGV 发生赶超冲突，若第 2 级 AGV 在前，则其先移动到与路径相邻的栅格内停止并等待，在第 1 级 AGV 将其赶超后，再回到原先路径继续运行；若第 2 级 AGV 在后，则原地停止，等第 1 级 AGV 经过物料中转站后再开始运行。

（2）第 1 级 AGV 与第 2 级 AGV 发生相向冲突，第 2 级 AGV 先移动到与路径相邻的栅格内停止并等待第 1 级 AGV 离开，再回到原先路径继续运行。

（3）第 1 级 AGV 与第 2 级 AGV 发生节点冲突，第 2 级 AGV 直接原地等待，从而避让第 1 级 AGV。

（4）第 3 级 AGV 与其他等级 AGV 发生路径冲突，将其他等级 AGV 视为动态障碍物，利用 3.4.2 节的基于改进 Q-Learning 算法的动态路径规划来避障，从而解决冲突。

当系统正常运行时，各加工区域内 AGV 只在各自区域内执行调度任务，而不执行区域间的调度任务，故各加工区域内 AGV 之间不会发生路径冲突，仅可能 AGV_1 与加工区域内 AGV 在物料中转站处发生路径冲突，具体的冲突类型如表 4-3 所示。

表 4-3　系统正常运行时可能存在的冲突

冲突对象 1	冲突对象 2	冲突类型
AGV1	AGV2	节点冲突
	AGV3	节点冲突、赶超冲突
	AGV4	节点冲突
	AGV5	相向冲突、节点冲突、赶超冲突
	AGV6	节点冲突
	AGV7	节点冲突
	AGV8	节点冲突
	AGV9	节点冲突
	AGV10	节点冲突
	AGV11	节点冲突
	AGV12	节点冲突
	AGV13	节点冲突
	AGV14	相向冲突、节点冲突、赶超冲突
	AGV15	相向冲突、节点冲突、赶超冲突
	AGV16	相向冲突、节点冲突、赶超冲突
	AGV17	相向冲突、节点冲突、赶超冲突

4.8　正常运行时的冲突调度

（1）节点冲突。

节点冲突演示如图 4-11 所示。在多 AGV 物料运输系统可视化平台的"加工区域间 AGV 速度"文本框中输入"1"，"加工区域内 AGV 速度"文本框中输入"2"，当系统运行 41s 时，AGV_1 和 AGV_8 的坐标分别为(24,23)和(25,26)，此时在"加工区域内 AGV 速度"文本框中输入"1"，则当系统运行 42s 时，AGV_1 的坐标变为(24,24)，AGV_8 的坐标变为(25,25)。此时这 2 台 AGV 会发生节点冲突，可采用 4.7 节的冲突解决策略（3）解决该冲突，即 AGV_8 先原地等待，待 AGV_1 离开冲突区域再开始运行。AGV_1 和 AGV_8 的状态转变过程如表 4-4 所示，其状态转变过程图示如图 4-12 所示。其中，1 号栅格表示 AGV_1，2 号栅格表示 AGV_8，3 号栅格表示物料存

储点 MSP_{8a1}，4 号栅格表示加工机器 M_{8a1}，5 号栅格表示物料中转站 MTS_8。

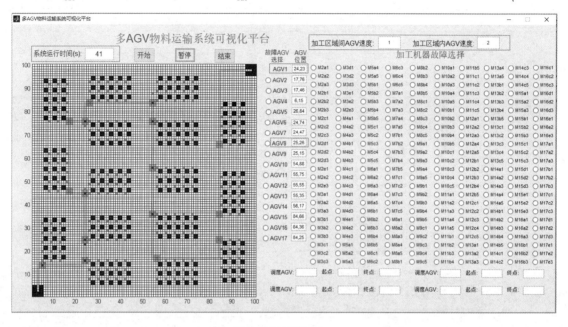

（a）节点冲突状态 1

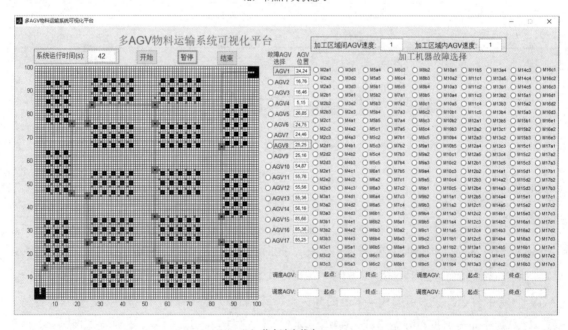

（b）节点冲突状态 2

图 4-11　节点冲突演示

表 4-4　AGV$_1$ 和 AGV$_8$ 的状态转变过程

时间	AGV 编号	坐标	运动方向
41s	AGV1	(24,23)	上
	AGV8	(25,26)	下
42s	AGV1	(24,24)	上
	AGV8	(25,25)	左
43s	AGV1	(24,25)	上
	AGV8	(25,25)	原地等待
44s	AGV1	(24,26)	上
	AGV8	(24,25)	左

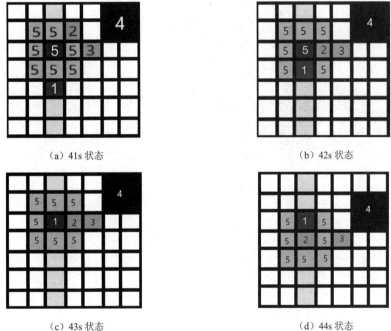

（a）41s 状态　　　　　　　　　　　（b）42s 状态

（c）43s 状态　　　　　　　　　　　（d）44s 状态

图 4-12　AGV$_1$ 和 AGV$_8$ 的状态转变过程图示

（2）相向冲突。

相向冲突演示如图 4-13 所示。在多 AGV 物料运输系统可视化平台的"加工区域间 AGV 速度"文本框中输入"3"，"加工区域内 AGV 速度"文本框中输入"2"，当系统运行 37s 时，AGV$_1$ 和 AGV$_5$ 的坐标分别变为(24,79)和(29,89)，此时在"加工区域间 AGV"文本框和"加工区域内 AGV 速度"文本框中输入"1"，则当系统运行 44s 时，AGV$_1$ 的坐标变为(26,84)，AGV$_5$

179

的坐标变为(27,84)。此时这 2 台 AGV 会发生相向冲突，采用 4.7 节的冲突解决策略（2）解决该冲突，即 AGV_5 先移动到与路径相邻的栅格内停止并等待 AGV_1 离开，再回到原先路径继续运行。AGV_1 和 AGV_5 的状态转变过程如表 4-5 所示，其状态转变过程图示如图 4-14 所示。其中，1 号栅格表示 AGV_1，2 号栅格表示 AGV_5，5 号栅格表示物料中转站 MTS_5，未标号且非空白的栅格表示 AGV_1 的运行路径。

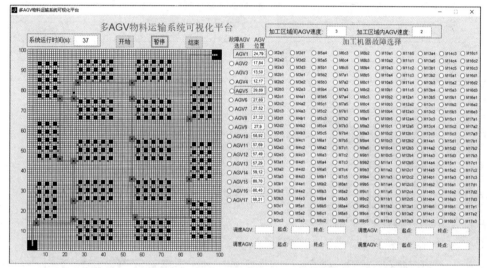

（a）相向冲突状态 1

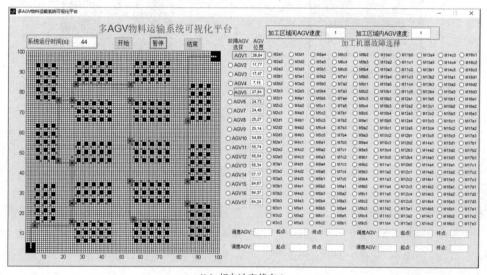

（b）相向冲突状态 2

图 4-13 相向冲突演示

180

表 4-5　AGV₁ 和 AGV₅ 的状态转变过程

时间	AGV 编号	坐标	运动方向
37s	AGV1	(24,79)	上
	AGV5	(29,89)	下
44s	AGV1	(26,84)	右
	AGV5	(27,84)	左
45s	AGV1	(27,84)	右
	AGV5	(27,85)	下
46s	AGV1	(28,84)	右
	AGV5	(27,84)	左

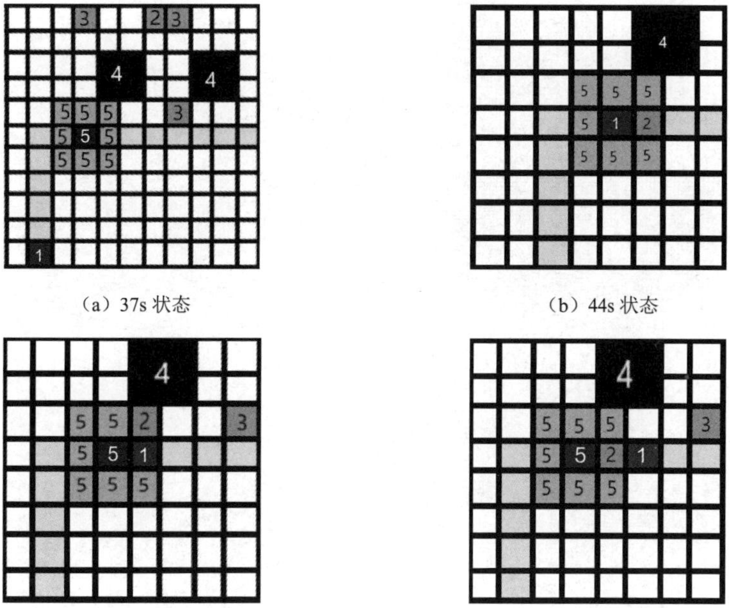

（a）37s 状态　　　　　　　　　　　（b）44s 状态

（c）45s 状态　　　　　　　　　　　（d）46s 状态

图 4-14　AGV₁ 和 AGV₅ 的状态转变过程图示

（3）赶超冲突。

赶超冲突演示如图 4-15 所示。在多 AGV 物料运输系统可视化平台的"加工区域间 AGV 速度"文本框中输入"4"，"加工区域内 AGV 速度"文本框中输入"1"，当系统运行 6s 时，AGV₁ 和 AGV₁₇ 的坐标分别为(16,14)和(90,25)，此时在"加工区域间 AGV 速度"文本框中输入"3"，则当系统运行 81s 时，AGV₁ 的坐标变为(84,23)，AGV₁₇ 的坐标变为(84,24)。此时这 2 台 AGV 会发生赶超冲突，可采用 4.7 节的冲突解决策略（1）解决该冲突，即 AGV₁₇ 先移动到与路径相邻的栅格内停止并等待，在 AGV_1 将其赶超后，再回到原先路径继续运行。AGV_1 和 AGV_{17} 的状态转变过程如表 4-6 所示，其状态转变过程图示如图 4-16 所示。其中，1 号栅格表示 AGV_1，2 号栅格表示 AGV_{17}，3 号栅格表示物料存储点 MSP_{17b1}，5 号栅格表示物料中转站 MTS_{17}，未标号且非空白的栅格表示 AGV_1 的运行路径。

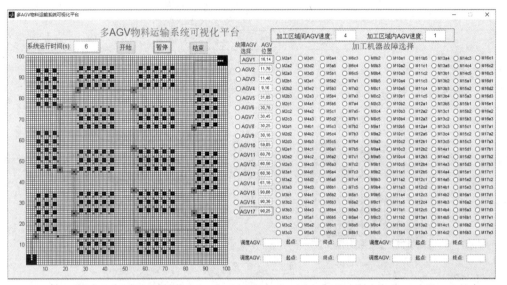

（a）赶超冲突状态 1

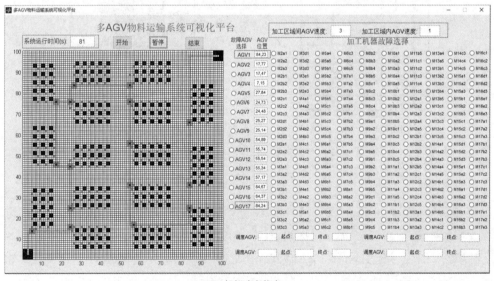

（b）赶超冲突状态 2

图 4-15 赶超冲突演示

表 4-6　AGV₁ 和 AGV₁₇ 的状态转变过程

时间	AGV 编号	坐标	运动方向
80s	AGV1	(84,20)	上
	AGV17	(85,24)	左
81s	AGV1	(84,23)	上
	AGV17	(84,24)	上
82s	AGV1	(84,26)	上
	AGV17	(85,24)	左
83s	AGV1	(84,29)	上
	AGV17	(84,24)	上

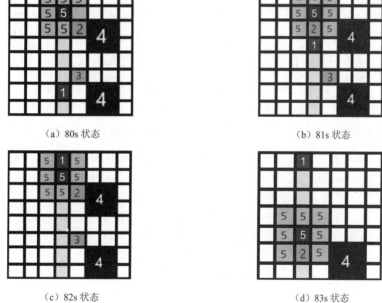

（a）80s 状态　　　　　　　　　　　（b）81s 状态

（c）82s 状态　　　　　　　　　　　（d）83s 状态

图 4-16　AGV₁ 和 AGV₁₇ 的状态转变过程图示

4.9　加工机器的故障调度

本节将对单台加工机器故障和多台加工机器故障进行介绍，实验过程中需要调用动态路径规划子程序，首先载入 AGV 的当前坐标 (x_1, y_1) 与目标点坐标 (x_2, y_2)，为简便计算，只需

要载入大小为 $W \times H$ 的栅格地图，W 和 H 的计算公式如下。

$$W = \left| x_1 - x_2 \right| + 3 \tag{4-3}$$

$$H = \left| y_1 - y_2 \right| + 3 \tag{4-4}$$

载入的栅格地图是由起点和目标点作为对角构成的矩形向周围拓展一个栅格形成的，记左下角栅格的坐标为 (x_3, y_3)，则原栅格坐标 (x_i, y_i) 在该地图中有如下的坐标变换公式。

$$(x_i', y_i') = (x_i - x_3 + 1, y_i - y_3 + 1) \tag{4-5}$$

（1）单台加工机器故障。

M_{2b1} 出现故障如图 4-17 所示。设置 AGV_2 的速度为 1，即在"加工区域内 AGV 速度"文本框中输入"1"，当系统运行 12s 时，单击"暂停"按钮，单击 M_{2b1} 左侧的单选按钮，表明该加工机器故障，此时 AGV_2 的坐标为(8,79)，并且它要前往坐标为(12,80)的 MSP_{2b2}。AGV_2 系统进入动态路径规划子程序并载入大小为 7×4 的栅格地图和位置信息，在程序进行 100 回合的学习后，得到一条连通起点和终点的路径。在可视化平台上显示该路径后，单击"开始"按钮，AGV_2 将沿着新规划的路径到达 MSP_{2b2}，此后它将沿着静态规划的路径行进。AGV_2 的运行路径如图 4-18 所示。在图 4-18 中，1 号栅格表示 AGV_2，2 号栅格表示 MSP_{2b1}，3 号栅格表示 MSP_{2b2}，4 号栅格表示加工机器，5 号栅格表示新规划的路径。

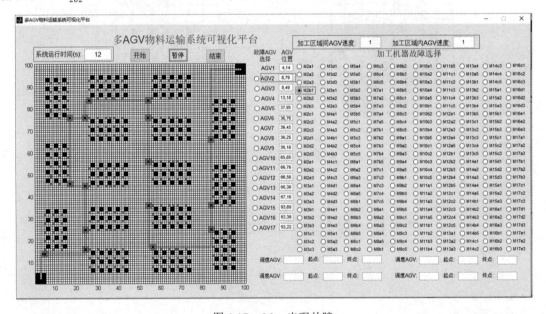

图 4-17　M_{2b1} 出现故障

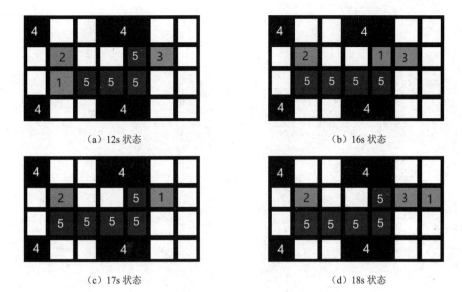

（a）12s 状态　　　　（b）16s 状态

（c）17s 状态　　　　（d）18s 状态

图 4-18　AGV₂ 的运行路径

（2）多台加工机器故障。

M_{6a4} 和 M_{6b5} 出现故障如图 4-19 所示。设置 AGV₆ 的速度为 2，即在"加工区域内 AGV 速度"文本框中输入"2"，当系统运行 6s 时，单击"暂停"按钮，单击 M_{6a4} 和 M_{6b5} 左侧的单选按钮，表示这 2 台加工机器故障，此时 AGV₆ 的坐标为(36,76)，并且它要前往坐标为(42,76)的 MSP_{6a5}。AGV₆ 系统进入动态路径规划子程序并载入大小为 9×3 的栅格地图和位置信息，在程序进行 100 回合的学习后，得到了图 4-20（a）所示的新规划的路径，其中 5 号栅格表示新规划的路径，单击"开始"按钮，AGV₆ 将沿着新规划的路径到达 MSP_{6a5}。AGV₆ 第 1 阶段的运行路径如图 4-20 所示。在图 4-20 中，1 号栅格表示 AGV₆，2 号栅格表示 MSP_{6a4}，3 号栅格表示 MSP_{6a5}。

在 AGV₆ 到达 MSP_{6a5} 后，由于下一个物料存储点 MSP_{6b5} 发生故障，因此将再次调用动态路径规划子程序规划从 MSP_{6a5} 到 MSP_{6b4} 的新路径，此时在动态路径规划子程序中创建的栅格地图大小为 7×7。动态路径规划子程序在每次运行前都会清除历史变量，因此上一阶段的路径将不再显示。AGV₆ 第 2 阶段的运行路径如图 4-21 所示。易得，AGV₆ 在(42,76)处停了 3s，这是由系统在非"暂停"的情况下调用动态路径规划子程序而产生计算耗时造成的，最终 AGV₆ 在系统运行 17s 时到达(38,72)处，此时的可视化平台界面如图 4-22 所示。

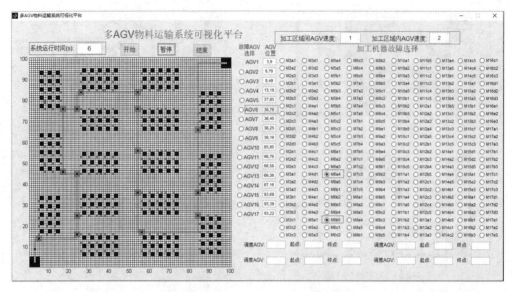

图 4-19　M_{6a4} 和 M_{6b5} 出现故障

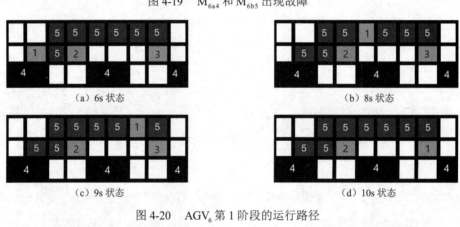

（a）6s 状态　　　　　　　　　　　　　（b）8s 状态

（c）9s 状态　　　　　　　　　　　　　（d）10s 状态

图 4-20　AGV_6 第 1 阶段的运行路径

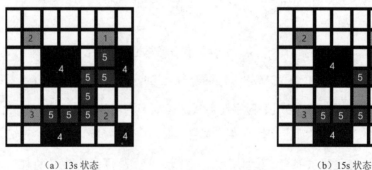

（a）13s 状态　　　　　　　　　　　　　（b）15s 状态

图 4-21　AGV_6 第 2 阶段的运行路径

（c）16s 状态　　　　　　　　　　　　　　（d）17s 状态

图 4-21　AGV₆ 第 2 阶段的运行路径（续）

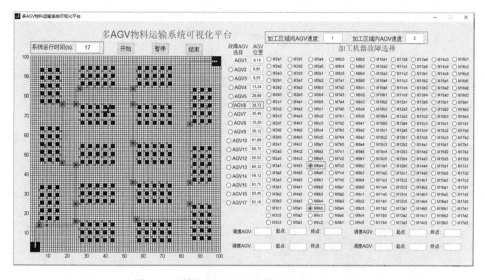

图 4-22　系统运行 17s 时的可视化平台界面

4.10　加工区域内 AGV 的故障调度

在故障调度的场景中，本节进行了单台 AGV 故障和多台 AGV 故障情景实验，在调用动态路径规划子程序时不仅要输入栅格地图大小、起点坐标和目标点坐标，还要输入运动中的 AGV 表示的动态障碍物信息。

（1）单台 AGV 故障。

AGV₄ 发生故障如图 4-23 所示。在"加工区域间 AGV 速度"文本框和"加工区域内 AGV 速度"文本框中输入"1"，当系统运行 17s 时，单击"暂停"按钮，并将 AGV₄ 标记为故障，

此时 AGV_4 的坐标为(10,20)，由于其发生故障，故将其标记为橙色。首先找出此时与 AGV_4 的曼哈顿距离最短的其余加工区域内 AGV，在本次实验中该 AGV 为 AGV_3，对 AGV_3 进行调度。AGV_3 的起点坐标为(12,50)，目标点坐标为(10,20)。AGV_3 系统载入大小为 5×33 的栅格地图，如图 4-24（a）所示。在该地图中，AGV_3 的起点坐标为(4,32)，目标点坐标为(2,2)。在动态路径规划子程序进行 300 回合的学习后，最终为 AGV_3 规划出的新路径如图 4-24（b）所示，新路径用标号为 1 的栅格表示。当新路径在可视化平台界面中显示后，单击"开始"按钮，系统再次运行，最终在系统运行 51s 时，AGV_3 到达坐标(10,20)，完成调度任务，此时的可视化平台界面如图 4-25 所示。

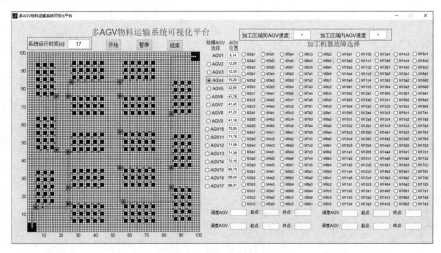

图 4-23　AGV_4 发生故障

（2）多台 AGV 故障。

假设 AGV_3 和 AGV_5 先后在系统运行 26s 和 34s 时发生故障。AGV_3 发生故障如图 4-26 所示。在"加工区域间 AGV 速度"文本框和"加工区域内 AGV 速度"文本框中分别输入"2"和"1"，在系统运行 26s 时，单击"暂停"按钮，并将 AGV_3 标记为故障，此时 AGV_3 的坐标为(15,54)。为实现 AGV 间调度，首先找到此时与 AGV_3 的曼哈顿距离最短的 AGV_7，对该 AGV 进行调度，其起点坐标为(38,49)，目标点坐标为(15,54)。AGV_3 系统载入大小为 26×8 的栅格地图，如图 4-27（a）所示。在该地图中，AGV_3 的起点坐标为(25,2)，目标点坐标为(2,7)。由于图 4-27 中出现 AGV_1 的所属路径，表明 AGV_1 可能在调度过程中经过该路段，因此在该过程中需要考虑 AGV_1 的位置信息，AGV_1 初始位置的坐标为(24,34)，它在系统运行 37s 至 40s 时 AGV_1 出现在栅格地图中，并由(4,1)向上移动到(4,8)，将其加入动态路径规划子程序。在动态路径规划子程序进行 400 回合的学习后，其为 AGV_7 规划出的新路径如图 4-27（b）所示，标号为 1 的栅格表示新路径。当新路径在可视化平台界面中显示后，单击"开始"按钮，系统再次运行，在系统运行 34s 时，单击"暂停"按钮，将 AGV_5 标记为故障，此时的可视化平台界面如图 4-28 所示。

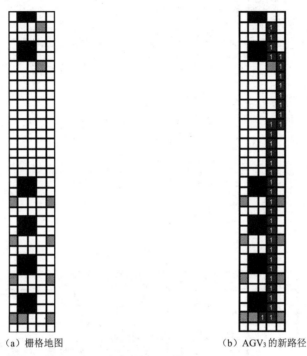

（a）栅格地图　　　　　　　　　　　（b）AGV_3 的新路径

图 4-24　动态路径规划子程序规划路径

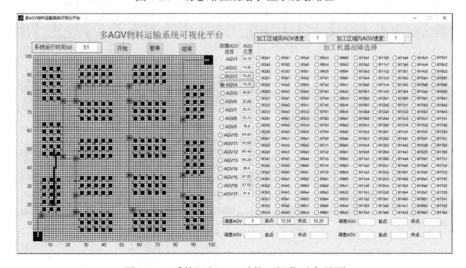

图 4-25　系统运行 51s 时的可视化平台界面

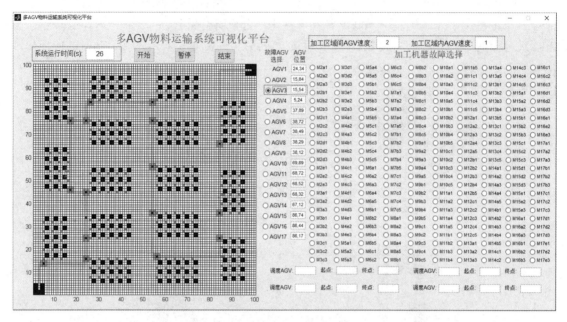

图 4-26　AGV₃ 发生故障

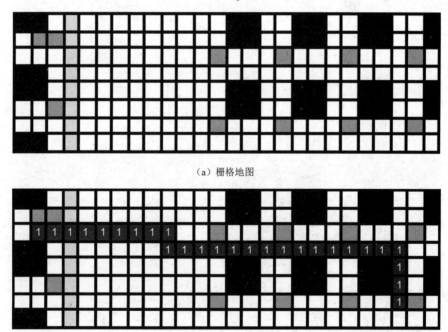

（a）栅格地图

（b）AGV₇ 的新路径

图 4-27　AGV₇ 路径规划

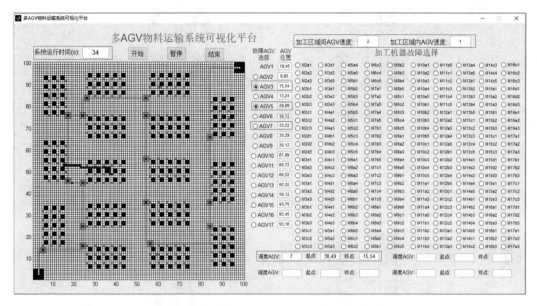

图 4-28 系统运行 34s 时的可视化平台界面

在系统运行 34s 时，与 AGV$_5$ 的曼哈顿距离最短的 AGV 为 AGV$_6$，因此对 AGV$_6$ 进行调度，其起点坐标为(30,72)，目标点坐标为 AGV$_5$ 所在的坐标(29,89)。AGV$_6$ 系统载入大小为 4×20 的栅格地图，如图 4-29（a）所示。在该地图中，AGV$_6$ 的起点坐标为(3,2)，目标点坐标为(2,19)。由于图 4-29（b）中仍存在 AGV$_1$ 的所属路径，因此在调度过程中需要考虑 AGV$_1$ 的位置信息，AGV$_1$ 初始位置的坐标为(19,45)，它在系统运行 60s 至 62s 时出现在栅格地图中，并由(1,14)向右移动到(4,14)，将其加入动态路径规划子程序中。在动态路径规划子程序进行 100 回合的学习后，其为 AGV$_6$ 规划出的新路径如图 4-29（b）所示，标号为 1 的栅格表示新路径。当新路径在可视化平台界面中显示后，单击"开始"按钮，系统再次运行，最终在系统运行 52s 后，AGV$_6$ 到达坐标(29,89)，完成调度任务，而 AGV$_7$ 还尚未完成调度任务，此时可视化平台界面如图 4-30 所示。

至此，本章已经在多 AGV 物料运输系统中对该系统中常见的调度问题进行了演示，包括正常运行时的路径冲突调度、加工机器故障的 AGV 调度及加工区域内 AGV 的故障调度。本章不仅运用第 3 章提出的 IFA 和 IAGSAA 成功解决了多 AGV 物料运输系统的部分需求，还将改进 Q-Learning 算法用于多 AGV 物料运输系统，在调度过程中为其规划出动态环境中的最优路径。

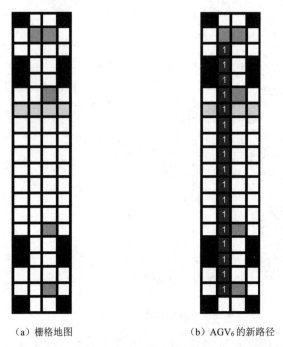

（a）栅格地图 （b）AGV₆ 的新路径

图 4-29 AGV₆ 路径规划

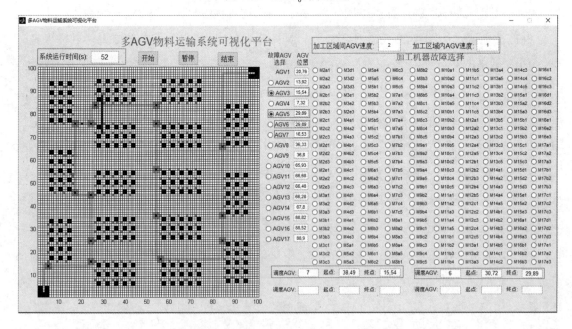

图 4-30 系统运行 52s 时的可视化平台界面

4.11　基于图神经网络的共融 AGV 自主作业调度

　　以 IoT、云计算、CPS、大数据和深度学习为代表的新一代 ICT/人工智能对制造业产生了革命性影响，形成了新一代智能制造模式——信息物理生产系统（CPPS）乃至 SCPPS。

　　新一轮科技与产业革命对人机交互的影响超过以往任何时期。伴随工业 4.0 诞生的操作员 4.0 如图 4-31 所示[5]。在工业 1.0 时期，工人手工操作机器，出现操作员 1.0；在工业 2.0 后期和工业 3.0 初期，操作员 2.0 在 CAX、数控操作和信息系统辅助下工作；在工业 3.0 后期，电子和人工智能技术实现制造流程的进一步自动化，操作员 3.0 与机器、机器人、计算机协同工作；在工业 4.0 时期，操作员 4.0 在 H-CPS 辅助下工作。

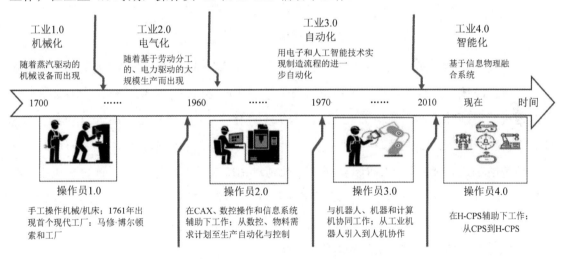

图 4-31　伴随工业 4.0 诞生的操作员 4.0

　　伴随工业 4.0 诞生的多种类型的操作员 4.0[6]（见图 4-32）反映了人类的体力和脑力工作不断被机器替代，也意味着生产线上直接从事作业加工的操作工（蓝领）减少，操作工从"环内"转移到"环上"乃至"环外"，变为监管者/评估者/协调者/程序员/虚拟操作员/数据分析员/规划者/决策者/计划员/创客/体验者（白领），即使此时仍然存在一线作业工人，但是其也在可穿戴设备、平板电脑和协作机器人等的辅助下成为超强操作员/增强操作员/智慧操作员/

协作操作员。在这种情况下，操作员的劳动强度得以大幅降低，并且整个产品的生产过程得到了更好的监督、分析与决策策略上的优化。例如，健康操作员可携带健康监管器等可穿戴设备收集个人健康数据并与他人健康数据交互，对得到的数据进行分析，用于优化策略或预测潜在的问题，进而提高生产率；社交操作员可以通过实时移动通信设备连接其他智能操作员、监管智能工厂的资源、使用企业积累的知识进行管理与创新。实际上，这种作业人员在"环"的位置上的转移，与人类历史上劳动力从第一产业转移到第二产业和第三产业颇为相似。

超强操作员　增强操作员　虚拟操作员　健康操作员　智慧操作员　协作操作员　社交操作员　数据分析员

图 4-32　操作员 4.0 类型

下面以 SCPPS 的典型代表——智慧制造[7, 8]为例，探讨其中的人机物交互问题。智慧制造将制造系统视为由相互联系、相互作用的子系统（社会系统、信息系统和物理系统）构成的人机物协同 SCPPS，其将未来互联网四大支柱技术（IoT、IoCK、IoS 和 IoP）与制造技术深度融于一体，以数据为纽带联通社会系统、信息系统和物理系统，形成一种人机物协同的智能制造新模式[9]。人机物协同的智慧制造系统是人（社会系统）、计算机（广义的信息系统）、物（机器和其他资源构成的物理系统）三者的有机融合，当机器设备（物）在 IoT 雾计算和人工智能作用下形成具备自主性的智能体时，人-机-物交互是系统协同的关键。人机物协同的智慧制造系统的基本构成及各元素之间的交互如图 4-33 所示，此时人既可作为社会人，又可作为物理人在生产车间进行作业（随着智慧制造的发展，作为操作员的人越来越少，甚至出现无人车间，人更多地从事设计等创新性工作），还可以作为虚拟人存在于系统中。

人在智慧制造洋葱模型中的示例如图 4-34 所示。工业 4.0 下的智慧制造系统实际上存在三条回路，即机器设备构成的物理系统回路、监管物理系统的虚拟回路和监管 CPPS 的组织回路，分别对应智慧制造洋葱模型的物理系统、信息系统和社会系统。

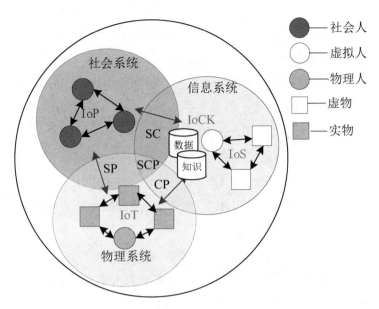

图 4-33　人机物协同的智慧制造系统的基本构成及各元素之间的交互

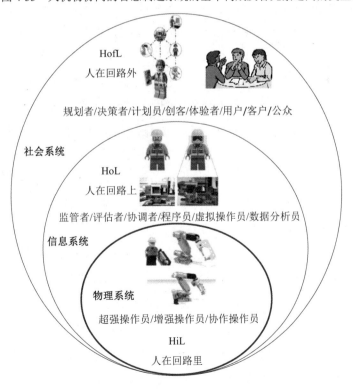

图 4-34　人在智慧制造洋葱模型中的示例

人在回路里（Human in the Loop，HiL）[10]是指一个控制系统是否有执行动作的人，若有则称人在控制回路里；人在回路上[11]（Human on the Loop，HoL）是指人间接监管系统而不是直接操控系统；与 HoL 类似的另一个概念是人在网格[12,13]（Human in the Mesh，HiM）。由于新型操作员 4.0 的诞生，因此无人工厂虽然不存在 HiL，但是存在 HoL/HiM（在信息系统中）和人在回路外（Human out of the Loop，HofL）（在社会系统中）的情形。

实际上，人们已经意识到智慧制造系统仍然不能缺少人的参与，需要以人为中心来设计 CPP/CPPS/智慧制造。综观 CPS/CPPS 与人的融合研究，绝大多数局限于 HiL-CPS 问题，少数涉及 HoL-CPS 问题[14]，几乎没有涉及 HofL-CPS 问题，更加缺少三者（HiL/HoL/HofL）与 CPS 的集成研究，然而随着新一轮工业革命，诞生了操作员 4.0[5,6]和长尾生产需求[15]，这种集成研究又必不可少。本节将 HiL、HoL、HofL 分别融入智慧制造洋葱模型的物理、信息和社会系统中，使其形成一个有机的整体，更有利于理解和把握三者之间的关系并认识人在智慧制造系统中的作用和角色。

在图 4-35 所示的自主智慧制造参考体系架构模型（Reference Architecture Model for Autonomous Smart Manufacturing，RAM4ASM）中，系统层级从空间跨度维度刻画，包括工件/产品、设备、单元、生产线、企业、互联世界；生命周期从时间跨度维度刻画，包括设计、生产、使用/维护和回收；功能层次代表系统的核心功能，包括资产、感控、数据、功能、业务、社群/用户；业务功能代表产品全生命周期的所有业务功能，包括产品设计、仿真分析、车间状态感知、数据处理、资源配置、机器学习、故障诊断与预测、设备控制、生产过程监控等。

RAM4ASM 功能层次与组织符号学的物理、感控、语法、语义、语用、社会层次相对应[16]、一脉相承，并且 RAM4ASM 支持现代集成制造从工业 3.0 下的计算机集成走向工业 4.0 下人机物协同的全面集成需求。工业 4.0 集成包括横向、纵向、端到端集成，其中横向集成旨在实现企业间的集成，使互联的企业在产品生命周期的生态系统支持下创造价值链；纵向集成旨在实现企业内部不同层次之间的信息集成；端到端集成则在前两项集成（纵向集成和横向集成）的基础上，通过产品生命周期理念来弥合产品设计、制造与客户之间的鸿沟[17]。纵、横集成又称为跨层、跨域集成[18]。由此可见，新一代智能制造中的人机物协同是多维度和多层次的[19]。

在物理系统、信息系统和社会系统日趋融合的复杂环境下，要实现复杂的多层次、多维度人机物协同自主智能制造的设计、管理与运行，无疑需要一个虚实融合的人机物协同 SCPS

体系架构，而图 4-35 所示的"四网"融合的 RAM4ASM 正是这样的参考体系架构，其实现了从物理层到社会层的纵向集成，从单个企业到互联世界多个企业的横向集成，面向产品生命周期价值链的设计、制造和使用服务的端到端集成。

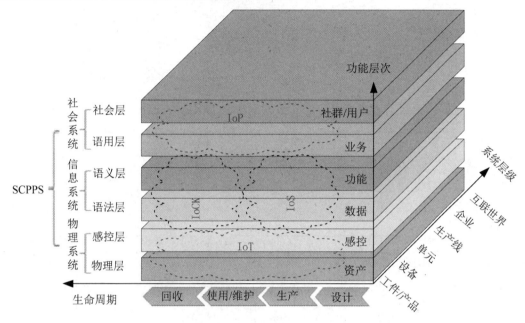

图 4-35　RAM4ASM

如上文所述，在虚实融合的智慧制造系统/SCPPS 中，人存在于物理空间、信息空间和社会空间。如果将物理空间的人/机器/工件等物体（称为 PA）和社会空间的人（称为 SA）分别映射为相应的虚拟智能体 CAp（PA 在信息空间映射对应体）和 CAs（SA 在信息空间映射对应体），则有 f_1: PA→CAp 和 f_2: SA→CAs，进一步结合虚拟空间的赛博"原住民"——赛博智能体 CA（Cyber Agent），并通过 IoS 连接所需的 Cap、CAs、CA 节点，则可建立自主智慧制造复杂网络模型，如图 4-36 所示。

图 4-37 所示为数据与知识混合驱动的 RAM4ASM 功能层次体系架构。该架构与图 4-33～图 4-35 一样包括物理、信息和社会系统，操作员 4.0 同样存在于三个子系统中，分别对应 HiL（物理空间）、HoL（信息空间）和 HofL（社会空间）。物理系统通过 IoT 实现物理制造资源集成、感知及物-物和人-物互联，形成包括人在内的物理回路；信息系统通过 IoCK 和 IoS 实现虚拟的人机物集成，包括数据/信息/知识的处理及其之间的相互转化，以及虚拟服务化资源管

理调度和物理系统监控等；社会系统除包括社交操作员等外，还包括企业经营决策者/用户/客户/公众等利益相关者。企业经营决策者根据市场动态、经营策略和企业文化等各种因素确定制造系统整体的经营目标和功能定位，增强企业文化建设及与上下游企业和用户的联动等。

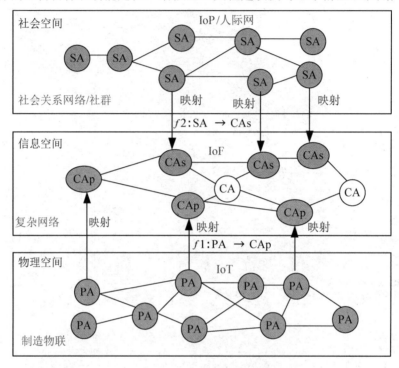

图 4-36 自主智慧制造复杂网络建模

　　需要指出的是，现实生产场景不同于特定规则限定的自动驾驶场景，由于当今社会对产品的需求具有多层次和多样性特点，生产场景变得多样化和复杂化，简单的生产场景已经实现无人自主生产，而复杂的生产场景仍需要人的现场参与。特别是随着工业 4.0 的发展，现场作业人数虽然大幅度减少，但又诞生了以前不存在的新兴操作人员，如操作员 4.0。

　　图 4-37 所示的 RAM4ASM 既包容"自上而下"的基于符号学的智慧制造[16]，又包容"自下而上"数据驱动的主动（智慧）制造[20]，因此其既支持通过社会化、外化、融合和内化实现人的隐性知识在社区群体之间的转化[7]，又支持大数据到知识图谱的转化和大数据深度学习，为知识（模型）驱动和数据驱动融于一体提供框架支持，进而将知识驱动和数据驱动理念有机地融合在一起。一方面可利用"自下而上"的数据驱动，使以大数据深度学习为代表的新一代人工智能在实际生产中得以落地；另一方面，利用"自上而下"的知识驱动，使企业

在制造领域前期积累的先验知识、经验和模型（如智能体、数字孪生模型和知识图谱）发挥作用，弥补单一数据驱动对数据需求量大和难以利用先验知识（模型）的缺点。

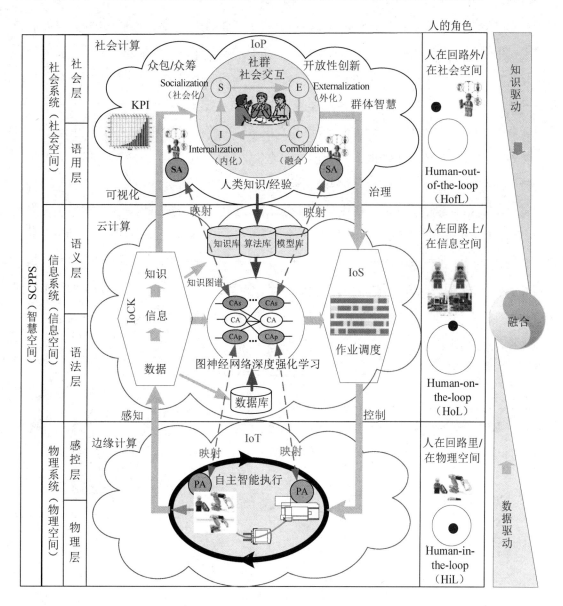

图 4-37 数据与知识混合驱动的 RAM4ASM 功能层次体系架构

实际上，数据驱动和知识驱动是实现人工智能系统的主流方法，尽管在历史上经历过此消彼长，但是两者本质上具有互补性。目前兴起的新一代人工智能热潮源于深度学习，而深度学习源于对人工神经网络的研究，以大数据深度学习为代表的数据驱动已在机器视觉、自然语言处理等领域获得巨大进展和落地应用，特别是在非结构化数据处理和关联计算方面表现突出，但缺乏逻辑推理解释和对因果关系的表达能力，存在可解释性差等问题，而以符号表示和逻辑推理为代表的知识驱动则具有逻辑推理解释和对因果关系的表达能力，存在知识获取困难和知识边界易于突破等瓶颈问题，难以适应以非结构化数据为主的大数据时代需求。然而随着大数据兴起的知识图谱为知识获取和人工智能可解释问题提供了一条新途径。因此，如何将符号化知识与数据驱动的人工智能方法有机融合是当前人工智能需要解决的重大问题，特别对需要特定领域知识支持的智能制造更是如此。

针对图 4-36 所示的多智能体构成复杂网络需求，加工作业流程可用一个三元组的图来表示：$G=(V, E, u)$，其中 $V=\{v_i\}_{i=1:N^v}$ 为加工机器节点集合（v_i 为诸如加工时间等加工机器属性，N^v 为节点数目）；$E=\{e_k, r_k, s_k\}_{k=1:N^e}$ 为节点连边的集合（e_k 为诸如工件运输时间/距离等移动机器人属性，N^e 为边或弧的数目，r_k 为接收节点，s_k 为发送节点）；u 为诸如最大完工时间等整体属性。图神经网络深度强化学习可求解 $G=(V, E, u)$[21]。图神经网络深度学习求解生产作业调度问题如图 4-38 所示。

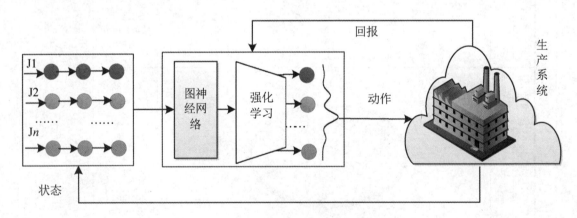

图 4-38　图神经网络深度学习求解生产作业调度问题

图 4-38 所示的人工智能方法融合应用求解，实质上将符号主义（知识驱动）、联结主义（数据驱动）和行为主义（强化学习）三种人工智能学派（方法）有机融合在一起，进而实现

融入实体知识描述的复杂网络深度学习，使得复杂网络（类似于知识图谱）先验知识能够成为深度学习的输入并作为深度学习优化目标的约束，形成一种知识引导、数据驱动和行为探索相结合的人工智能求解方法。

下面以按订单生产模式对上述人工智能求解方法进行说明。

（1）生产企业通过社会化网络大数据分析向需求用户推送产品服务和知识，一旦接到用户需求订单，就邀请用户参与产品设计和生产计划的制定，在 IoP 和 CPS 支持下可实现所定制产品的模拟仿真乃至虚拟制造。

（2）信息系统接收社会系统下达的生产计划，根据车间生产信息和设备状态信息生成调度方案，并分发到物理系统进行加工作业。

（3）物理系统执行信息系统发来的控制指令，完成具体的加工作业任务，同时将车间的工作状态反馈给信息系统。

（4）信息系统分析来自物理系统的状态数据/信息，监控加工作业是否按预定的作业调度方案进行，判断是否需要对调度方案进行动态调整。

（5）社会系统接收来自车间的状态信息或信息系统动态调度结果及其他相关信息，判断生产是否按计划进行，若发生用户需求订单更改等突发事件，则需重新制定生产计划。

从上述订单生产模式可知，社会系统主要通过 IoP，利用人类的先验知识和群体智慧解决经营决策、生产计划、创意与产品设计等问题；物理系统主要通过 IoT，利用传感数据完成具体的加工作业任务；信息系统处于社会系统的人类先验知识（模型）和物理系统感知数据的交汇处，利用 IoT 感知数据实现对生产过程的监控，并从数据中挖掘出有意义的信息/知识/事件推送到社会系统，为企业的业务决策提供支持。

本质上来说，产品设计开发及其生产流程制定由人完成，是人类社会实践与生产实践的群体智慧结晶；物理系统仅执行人类意志（命令），只是因融合了当今新一代信息/智能技术而具备了自主智能执行能力；信息系统起关键作用，即承上启下地融合人类的经验知识（包括符号推理智能）和大数据智能（计算智能）。

以雾计算、智能体、云计算、大数据和深度学习为代表的新一代 ICT/人工智能大力地提高了物理系统的自主性和信息系统的大数据智能分析能力[22]。例如，大数据深度感知事件驱动的车间作业调度方法[23]能够根据加工过程的实时数据和历史数据预测刀具磨损程度，生成刀具剩余寿命预测事件驱动的主动调度方案[24]，在避免发生刀具磨损事故并确保系统正常运作的同时提高了生产率。虽然这种数据驱动的主动制造较好地利用了大数据的深层价值，但是仍然不能有效利用人类先验知识（包括机理模型和数字孪生模型等），因此需要将数据驱动与知识驱动加以融合。

加工作业流程可以看作虚拟空间多个智能体与车间动态环境之间交互的最优调控过程和现实世界实际加工调度过程的结合。复杂网络结构由节点集合和连边集合构成，节点对应实际中的个体，连边为将节点连接在一起的某种关系。一个加工作业流程所需的节点既包括物理节点（如生产线上的加工机器、工人、协作机器人、运输），也包括虚拟空间的加工机器、人或软件/流程/知识/算法（统称为服务）和 SA。经过如此抽象处理之后的加工作业流程，可用深度神经网络（Deep Neural Network，DNN）和强化学习结合而形成的深度强化学习来实现加工作业的自适应优化[25]。

以图 4-39 所示的加工机器（含人机协作机器人）与机器人（AGV）构成的企业三柔性制造系统为例，将节点表示加工机器、连边表示物料运输（如 AGV 运输）的加工作业复杂网络模型嵌入 DNN，并与强化学习相结合，形成图神经网络的深度强化学习模型，分散在物理系统的 AGV 和加工机器。系统通过雾计算进行自主决策，并将加工状态传至信息空间（虚拟空间），而位于信息空间的"融入复杂网络的图神经网络+深度强化学习"用于求解加工机器与 AGV 的协同作业问题，并将求解结果传输给加工机器与 AGV 进行实际加工。这种虚实结合的方法表示加工作业流程可以引入先验知识（如虚拟模型），而且深度强化学习模型可以先在虚拟空间进行仿真训练，即构建虚拟的车间调度环境并将智能体与虚拟环境进行交互，以实现作业调度优化学习，然后将其迁移到实际生产场景。

求解加工作业车间调度问题的甘特图如图 4-40 所示（因这个例子 AGV 运输时间短，为了便于学习求解，忽略工位之间的运输时间，共融 AGV 的调度结果见 5.1 节实验室应用案例，更复杂例子正在实现之中）[26]。图 4-40 中的横轴表示这批工件加工开始后的时间；纵轴分为五个机器编号，编号右边的每一个方块表示一道工序，从左到右即该编号对应加工机器的加工顺序，方块的长度表示工序的加工时间，方块内的数字表示工件序号。显然，短小的方块位置比宽大的方块靠近左边，即耗时较短的工序倾向于更早地加工，这是因为耗时较短的工序加工起来更加灵活，在加工机器加工的间隙能够轻松地插入加工，使加工过程更加紧密，总加工时间更短，加工效率更高。最后，工厂通过虚实融合的 CPS 进行加工过程的实时状态监控和作业安排。

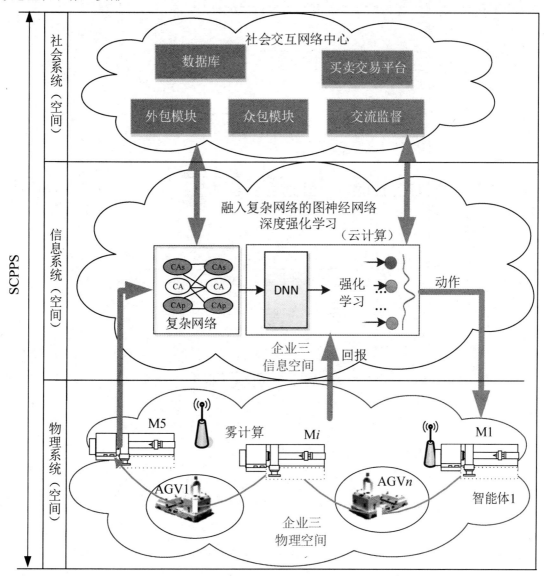

图 4-39　企业三柔性制造系统

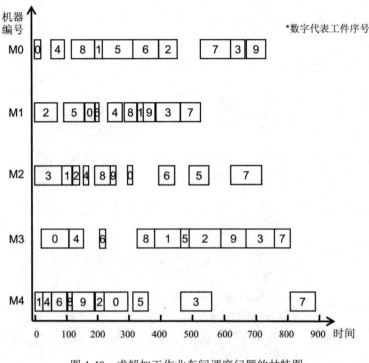

图 4-40   求解加工作业车间调度问题的甘特图

本章参考文献

[1]   王甜甜. 多移动机器人路径规划及仿真研究[D]. 西安: 西安理工大学, 2019.

[2]   刘维民. AGV 路径规划与调度系统研究[D]. 广州: 华南理工大学, 2016.

[3]   姜俊杰. 多区域 AGV 物料运输系统路径规划及协同调度研究[D]. 广州: 华南理工大学, 2021.

[4]   Jiang J J, Yao X F, Yang E F, et al. An improved adaptive genetic algorithm for mobile robot path planning analogous to the ordered clustered TSP [C]. IEEE Congress on Evolutionary Computation, 2020.

[5]   Romero D, Bernus P, Noran O, et al. The operator 4.0: human cyber-physical systems & adaptive automation towards human-automation symbiosis work systems[C]. International Conference

on Advances in Production Management Systems, 2016.

[6] Romero D, Stahre J, Wuest T, et al. Towards an operator 4.0 typology: a human-centric perspective on the fourth industrial revolution technologies[C/CD]. International Conference on Computers & Industrial Engineering (CIE46). 2016.

[7] 姚锡凡, 练肇通, 杨屹, 等. 智慧制造——面向未来互联网的人机物协同制造新模式[J]. 计算机集成制造系统, 2014, 20(6): 1490-1498.

[8] Yao X F, Jin H, Zhang J. Towards a wisdom manufacturing vision [J]. International Journal of Computer Integrated Manufacturing, 2015, 28(12): 1291-1312.

[9] 姚锡凡, 周佳军. 智慧制造理论与技术[M]. 北京: 科学出版社, 2020.

[10] Hess R A. Human-in-the-loop Control[M]. Control System Applications. CRC Press, 1999.

[11] Hexmoor H, Mclaughlan B, Tuli G. Natural human role in supervising complex control systems[J]. Journal of Experimental & Theoretical Artificial Intelligence, 2009, 21(1):59-77.

[12] Fantini P, Tavola G, Taisch M, et al. Exploring the integration of the human as a flexibility factor in CPS enabled manufacturing environments: Methodology and results [C]. 42nd Annual Conference of the IEEE Industrial Electronics Society, 2016.

[13] Fantini P, Leitao P, Barbosa J, et al. Symbiotic integration of human activities in cyber-physical systems [J]. IFAC PapersOnLine, 2019, 52(19):133-138.

[14] Nahavandi S. Trusted autonomy between humans and robots: toward human-on-the-loop in robotics and autonomous systems [J]. IEEE Systems Man & Cybernetics Magazine, 2017, 3(1): 10-17.

[15] Yao X F, Lin Y Z. Emerging manufacturing paradigm shifts for the incoming industrial revolution [J]. the International Journal of Advanced Manufacturing Technology, 2016, 85(5): 1665-1676.

[16] 姚锡凡, 李彬, 董晓倩, 等. 符号学视角下的智慧制造系统集成框架[J]. 计算机集成制造系统, 2014, 20(11): 2734-2742.

[17] Alcácer V, Cruz-Machado V. Scanning the Industry 4.0: a literature review on technologies for manufacturing systems [J]. Engineering Science and Technology, 2019, 22(3): 899-919.

[18] Zhang T, Li Q, Zhang C S, et al. Current trends in the development of intelligent unmanned autonomous systems [J]. Frontiers of Information Technology & Electronic Engineering, 2017,

18(1): 68-85.

[19] 丁凯, 张旭东, 周光辉, 等. 基于数字孪生的多维多尺度智能制造空间及其建模方法[J]. 计算机集成制造系统, 2019, 25(6): 1491-1504.

[20] 姚锡凡, 周佳军, 张存吉, 等. 主动制造——大数据驱动的新兴制造范式[J]. 计算机集成制造系统, 2017, 23(1): 172-185.

[21] Battaglia P W, Hamrick J B, Bapst V, et al. Relational inductive biases, deep learning, and graph network [EB/OL]. [2021-8-24]. https://arxiv.org/pdf/1806.01261.pdf.

[22] 姚锡凡, 雷毅, 葛动元, 等. 驱动制造业从"互联网+"走向"人工智能+"的大数据之道 [J].中国机械工程, 2019, 30(2):134-142.

[23] 张存吉. 智慧制造环境下感知数据驱动的加工作业主动调度方法研究[D]. 广州: 华南理工大学, 2016.

[24] Zhang C J, Yao X F, Tan W, et al. Proactive scheduling for job-shop based on abnormal event monitoring of workpieces and remaining useful life prediction of tools in wisdom manufacturing workshop [J]. Sensors, 2019, 19(23): 5254.

[25] Liu C-L, Chang C-C, Tseng C-J, et al. Actor-critic deep reinforcement learning for solving job shop scheduling problems [J]. IEEE Access, 2020, (8): 71752-71762.

[26] 姚锡凡, 黄宇, 黄岩松, 等. 自主智能制造: 社会-信息-物理交互、参考体系架构与运作机制[J]. 计算机集成制造系统, 2022, 28(2): 325-338.

第5章　应用案例

新一代信息技术正在推进制造业向智能化/智慧化方向发展，智能制造系统的高效运行需要考虑系统的总体架构设计、调度算法设计、车间布局优化、系统实时控制等。而 AGV 作为智能化的物料运输工具，已经在智能化的生产、物料等系统中广泛应用，但传统的车间调度只考虑加工机器的加工作业，而不考虑实际生产中工位之间、工位与物料库及工位与成品库之间的运输时间，因此这种只考虑加工机器加工作业求解出的最优调度方案并不是真正的最优调度方案，人们需要研究 AGV 与加工机器集成的作业车间调度问题。多 AGV 物料运输系统的高效运行，有利于减少在制品库存，提高在制品库存管理效率，降低工厂管理费用，提高库存周转率，进而降低企业主营业务成本。本章列举了应用 AGV 进行物料运输的智能制造系统的案例。

5.1　实验室应用案例

图 5-1 所示为 AGV 与加工机器集成的作业车间调度平台。AGV 与加工机器集成的作业车间调度平台的系统架构如图 5-2 所示。该平台的系统架构包括制造资源层、虚拟资源层、事件处理层和应用层，其中制造资源层主要包括机床、工件、设备资源，以及用于集成调度、AGV 路径规划、事件处理运算的计算资源，此外还包括用于实现制造物联的 RFID 读写器、RFID 标签等，通过把 RFID 标签嵌入工件内部或粘贴到设备表面，实现工件加工进程跟踪和生命周期管理、加工机器状态监测、AGV 工件运输的定位等；虚拟资源层主要包括 AGV 与作业车间集成智能调度算法库（如混合智能算法、GA、教-学算法）、AGV 路径规划算法（如 GA、GWO 算法）、用于确定工件生产流程的工艺流程文件、用于确定工件加工的数控程序文

件和用于检测工件是否合格的工件图纸；事件处理层主要包括复杂事件处理引擎和传感器中间件，用于对工件到达、工件离开、加工机器故障、AGV 开始配送工件等 RFID 事件进行处理，以及和传感器交互等；应用层主要用于监测车间运行状态、设备状态监测和工件加工生命周期管理等，以及对 AGV 和加工设备进行调度[1,2]。为了充分利用云计算平台并确保抓取工件时有较高的识别准确率和效率，应在雾计算设备上进行简单的计算，而在云计算平台进行复杂的深度学习计算，雾计算把一些没有必要上传至云端的数据在网络边缘进行处理，旨在解决云计算时延较长的问题，而二者相结合的方式不仅有助于节省带宽，还可以有效降低计算资源的投资成本。

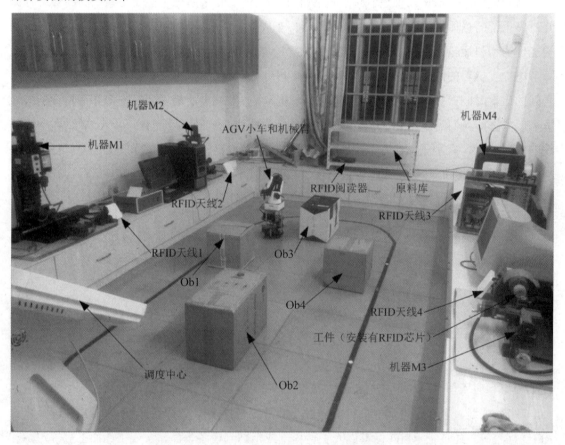

图 5-1　AGV 与加工机器集成的作业车间调度平台

图 5-1 中 Ob_1、Ob_2、Ob_3 和 Ob_4 是静态障碍物，Ob_1 和 Ob_4 的大小相同，Ob_2 和 Ob_3 的大小相同，AGV 的半径为 115。在对 AGV 进行路径规划时，把 AGV 视为一个质点，对障碍

物进行放大以补偿 AGV 的尺寸，每个障碍物的宽度和长度均增加 240，保证 AGV 在规划出的路径上行驶时不会与障碍物碰撞，AGV 上的机械臂负责工件的上下料。

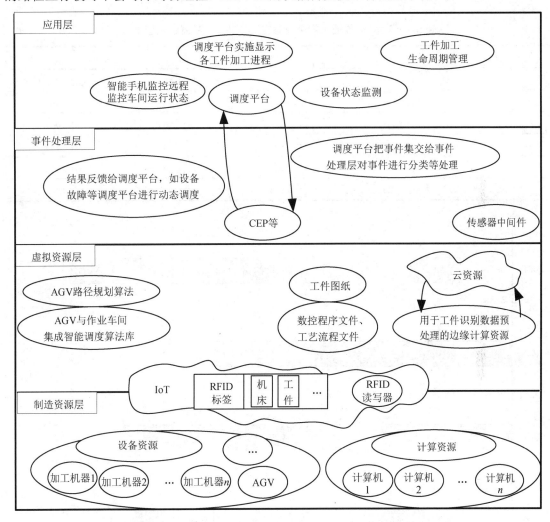

图 5-2　AGV 与加工机器集成作业车间调度平台的系统架构

　　AGV 与作业车间集成调度工件和加工机器的对应关系如表 5-1 所示。采用改进 FPA 和改进 TLBO 算法求解 AGV 与作业车间集成调度问题的最优调度方案和收敛曲线如图 5-3 和图 5-4 所示。由图 5-4 可以看出，改进 FPA 求解该调度问题能很快收敛到全局最优解，这说明改进 FPA 求解调度问题的有效性。改进 FPA 和改进 TLBO 算法求解 AGV 与作业车间集成调度问题 10 次的统计结果如表 5-2 所示。由表 5-2 可以看出，改进 FPA 和改进 TLBO 算法求解 AGV

与作业车间集成调度问题 10 次的最优解均为 450，可以认为该调度问题在不考虑 AGV 的情况下全局最优解为 450。

表 5-1　AGV 与作业车间集成调度工件和加工机器的对应关系

工件	加工机器（加工时间：s）			
P1	M3（50）	M1（40）	M2（60）	M4（70）
P2	M2（80）	M3（50）	M1（30）	M4（40）
P3	M3（50）	M4（40）	M2（80）	M1（90）
P4	M2（50）	M1（50）	M3（60）	M4（40）
P5	M3（90）	M2（40）	M4（50）	M1（40）
P6	M2（40）	M4（60）	M3（90）	M1（50）

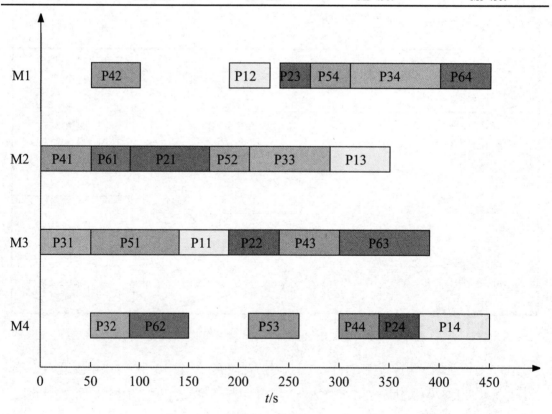

图 5-3　采用改进 FPA 和改进 TLBO 算法求解 AGV 与作业车间集成调度问题的最优调度方案

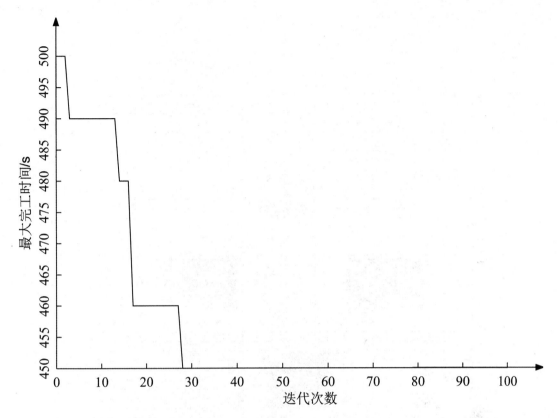

图 5-4 采用改进 FPA 和改进 TLBO 算法求解 AGV 与作业车间集成调度问题的收敛曲线

表 5-2 改进 FPA 和改进 TLBO 算法的求解 AGV 与作业车间集成调度问题 10 次的统计结果

次数	1	2	3	4	5	6	7	8	9	10	平均值
改进 FPA	450	450	450	450	450	450	450	450	450	450	450
改进 TLBO 算法	450	450	450	450	450	450	450	450	450	450	450

AGV 工作空间栅格地图如图 5-5 所示。在图 5-5 中，A、B、C、D 和 E 为 AGV 上下料的站点，Ob_1、Ob_2、Ob_3 和 Ob_4 为图 5-1 中相对应障碍物长度和宽度放大后的障碍物，这样可以保证规划出的路径的安全性，采用第 3 章设计的改进 GA 进行任意 2 个站点之间的路径规划，图 5-5 中只画出了站点 A 和站点 D、站点 B 和站点 E 之间的最优路径。各工位之间 AGV 的运行距离如表 5-3 所示。若 AGV 的速度为 11cm/s，每个工位上下料时间为 5s，则各工位之间 AGV 的运行时间如表 5-4 所示。

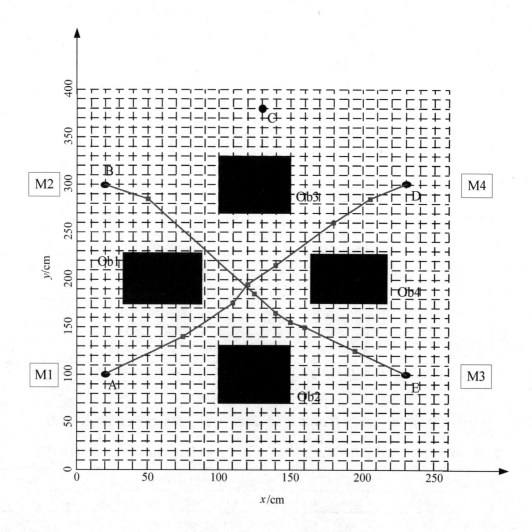

图 5-5　AGV 工作空间栅格地图

表 5-3　各工位之间 AGV 的运行距离　　　　　　　　（单位：cm）

	0（仓库）	M1	M2	M3	M4
0（仓库）	0	302	123	307	132
M1	302	0	201	231	293
M2	123	201	0	296	238
M3	307	231	296	0	202
M4	132	293	238	202	0

表5-4 各工位之间 AGV 的运行时间 （单位：s）

	0（仓库）	M1	M2	M3	M4
0（仓库）	0	38	22	38	22
M1	38	0	29	31	37
M2	22	29	0	37	32
M3	38	31	37	0	29
M4	22	37	32	29	0

分别用改进 FPA 和改进 TLBO 算法求解 AGV 与作业车间集成调度问题 10 次，统计结果如表 5-5 所示，2 种算法求解 AGV 与作业车间集成调度问题的最优解均为 994，可以认为该调度问题的全局最优解为 994。基于改进 FPA 的 AGV 与作业车间集成调度最优方案如图 5-6 所示。基于改进 FPA 的 AGV 与作业车间集成调度收敛曲线如图 5-7 所示。改进 FPA 迭代前期着重进行全局搜索，后期着重进行局部搜索，因为改进 FPA 迭代后期依然按概率进行全局搜索，所以其不容易陷入局部最优，迭代后期会对迭代前期搜索到的较好解进行更加充分地搜索以使该解快速收敛到最优解。初始种群的相似度统计结果如图 5-8 所示。不考虑 AGV 与考虑 AGV 的集成调度最优方案对应的染色体如表 5-6 所示，可以计算出表 5-6 中 2 条染色体的相似度为 2.53。AGV 与作业车间集成调度的实验说明改进 FPA 和改进 TLBO 算法求解 AGV 与作业车间集成调度问题的可行性，以及 AGV 与作业车间集成调度原型系统的可行性。

表5-5 改进 FPA 和改进 TLBO 算法求解 AGV 与作业车间集成调度问题的统计结果

次数	1	2	3	4	5	6	7	8	9	10	平均值
改进 FPA	994	994	994	994	994	994	994	994	994	994	994
改进 TLBO 算法	994	994	994	994	994	994	994	994	994	994	994

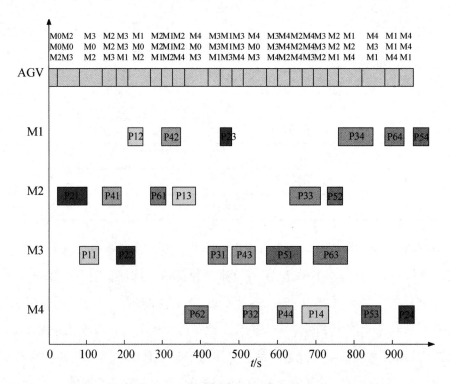

图 5-6 基于改进 FPA 的 AGV 与作业车间集成调度最优方案

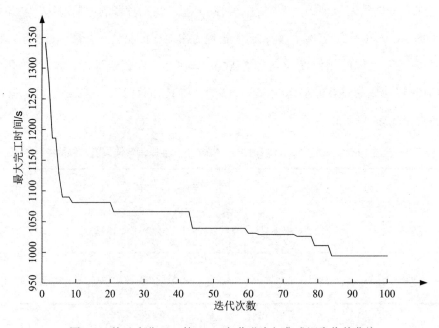

图 5-7 基于改进 FPA 的 AGV 与作业车间集成调度收敛曲线

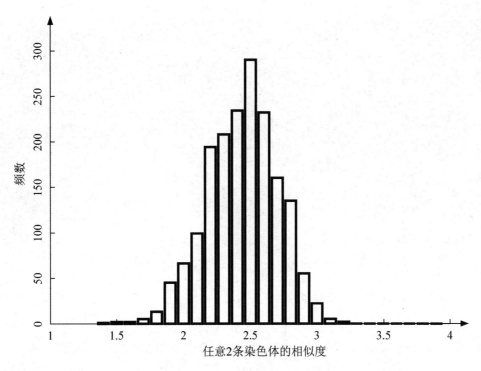

图 5-8　初始种群的相似度统计结果

表 5-6　不考虑 AGV 与考虑 AGV 的集成调度最优方案对应的染色体

不考虑 AGV	4	3	6	3	1	4	1	6	5	3	2	3	4	5	4	3	2	6	2	5	2	1	6	1
考虑 AGV	2	1	4	2	1	6	4	1	6	3	2	4	3	5	4	3	1	6	5	3	5	6	2	5

5.2　热处理应用案例

　　针对热处理生产过程无法满足越来越显著的客户定制化需求，某家热处理企业需要对原有的制造车间开展以"智慧物流+智能制造"为特色的生产与物流协同作业的升级改造。该企业通过车间重新布局规划、软硬件设备升级、引入 AGV 智能物流装备等手段，实现机器人智能化、绿色化、协同化制造过程，以提高生产与物流的协同作业效率，降低制造能耗，满足客户多元化需求。某热处理车间现场图如图 5-9 所示。

图 5-9　某热处理车间现场图

柔性热处理车间自动化生产线原有平面布局图如图 5-10 所示。图 5-10 中间部分的 RGV（Rail Guided Vehicle，轨道导引车）轨道两侧为热处理工位，包括热处理退火炉（如真空高压退火炉、焊后真空退火炉）、深冷炉、真空清洗机、真空油淬炉、料台、水槽、空气循环炉、集中控制室等。一批待加工工件通过上料放置于左侧起始料台，经过多道热处理工序后，成品从右侧卸载料台下料进入后续生产流程，中途每一道工序处理完之后，工件由 RGV 转运至下一工位。其中，每个工位均有准备、处理、卸料环节的工艺段，每个工艺段都可以选择不同的判断条件来判断该工艺段是否处理完毕，如真空除氢退火炉可以选择保温时间或碳势气氛时间。在多工位的柔性热处理生产车间采用固定轨道的 RGV 使得系统耦合度高，难以响应快速变化的市场需求，系统灵活性有待提高，因此引入重载 AGV、带机械臂的 AGV 等智能物流装备来改进当前系统。

智能热处理车间布局示意图如图 5-11 所示。根据不同的功能各个区域被划分为中控区、生产制造区、AGV 充电区、搬运区和自动化立体仓库。图 5-11 中的虚线代表的是 AGV 运行轨道。该智能热处理车间包括多个热处理工序工位、若干装卸操作的机器人手臂、若干运输作业的 AGV，与原有生产线一致，生产制造区的多个热处理工位具有相同的功能。自动化立体仓库兼具工件原材料和成品的存储功能。该智能热处理车间可用于多品种、小批量的金属工件的热处理。

该智能热处理车间涉及工件热处理，AGV 运输、装卸等，本节将前面两章的问题模型和算法应用于该智能热处理车间调度。以某一工件热处理生产案例验证本书的集成多 AGV 的热处理车间调度模型与算法。在某一时间段内，该智能热处理车间需要处理 6 批金属工件，总共 23 道工序[3]。每一批工件都需要经过 4～5 道工序，其中包括清洗、真空除氢、真空淬火、冷处理、回火等。各批工件的工序组合及各工序对应的工位如表 5-7 所示。

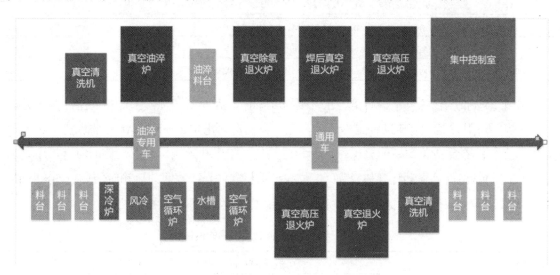

图 5-10 柔性热处理车间自动化生产线原有平面布局图

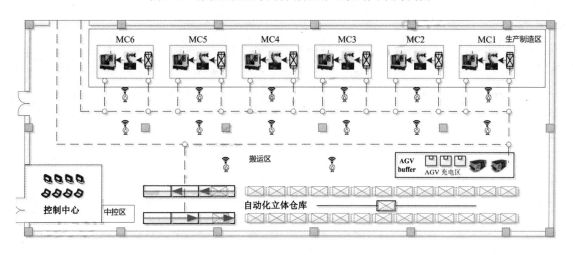

图 5-11 智能热处理车间布局示意图

表 5-7 各批工件的工序组合及各工序对应的工位

炉批号编号	工序组合
J1	真空淬火(M1, M2)+风冷(M4)+清洗(M10,M11)+回火(M8,M9)

续表

炉批号编号	工序组合
J2	真空淬火(M1, M2)+炉冷(M6, M7)+清洗(M10,M11)+回火(M8,M9)
J3	真空除氢退火(M3)+淬火(M1, M2)+深冷炉冷处理(M12)+回火(M8,M9)
J4	真空退火(M4)+淬火(M1, M2)+炉冷(M6, M7)+回火(M8,M9)
J5	真空淬火(M1, M2)+风冷(M4)+回火(M8,M9)
J6	真空淬火(M1, M2)+炉冷(M6, M7)+清洗(M10,M11)+回火(M8,M9)

由于每一批工件的大小、质量、工艺要求等不同，因此不同批次工件相同工序的热处理时间不同。采用 2 台 AGV 进行工件运输。原材料在自动化立体仓库，AGV 将原材料运输到热处理工位，在完成装卸等调整操作后，相应热处理工序开始执行。在工件的所有工序完工后，AGV 将其运输到自动化立体仓库。工位与自动化立体仓库之间的运输时间如表 5-8 所示。其中，M1～M12 表示加工机器位置，LU 表示自动化立体仓库中原材料位置。

表 5-8　工位与自动化立体仓库之间的运输时间

加工机器/ 工位	运输时间/min											
	LU	M1	M2	M3	M4	M5	M6	M7	M8	M9	M10	M11	M12
LU	0	6	8	6	8	10	12	10	12	2	4	6	8
M1	8	0	2	8	2	4	6	4	6	2	4	6	8
M2	6	10	0	10	8	2	4	6	4	8	6	4	2
M3	12	4	6	0	6	8	10	8	10	2	4	6	8
M4	10	2	4	6	0	6	8	2	8	8	6	4	2
M5	8	8	2	8	6	0	6	4	2	2	4	6	8
M6	6	10	8	10	8	6	0	6	4	2	4	6	8
M7	12	4	6	4	2	8	10	0	10	2	4	6	8
M8	10	6	4	6	4	2	8	2	0	2	4	6	8
M9	8	2	4	2	2	4	6	4	6	0	4	6	8
M10	6	10	6	10	8	2	4	6	4	8	0	4	2
M11	12	4	6	6	6	8	10	8	10	2	4	0	8
M12	10	2	4	6	2	8	6	2	8	8	6	4	0

在本节的应用案例中，J1～J6 表示不同批次金属工件的热处理任务。表 5-9 给出了每一批工件各道工序的工序时间和对应工位。

表 5-9　每一批工件各道工序的工序时间和对应工位

工件编号	工序号	加工时间/min											
		M1	M2	M3	M4	M5	M6	M7	M8	M9	M10	M11	M12
J1	O11	40	40	—	—	—	—	—	—	—	—	—	—
	O12	—	—	—	—25	—	—	—	—	—	—	—	—
	O13	—	—	—	—	—	—	—	—	—	18	18	—
	O14	—	—	—	—	—	—	—	32	32	—	—	—
J2	O21	40	40	—	—	—	—	—	—	—	—	—	—
	O22	—	—	—	—	—	22	22	—	—	—	—	—
	O23	—	—	—	—	—	—	—	—	—	18	18	—
	O24	—	—	—	—	—	—	—	32	32	—	—	—
J3	O31	—	—	42	—	—	—	—	—	—	—	—	—
	O32	40	40	—	—	—	—	—	—	—	—	—	—
	O33	—	—	—	—	—	—	—	—	—	—	—	20
	O34	—	—	—	—	—	—	—	32	32			
J4	O41	—	—	—	25	—	—	—	—	—	—	—	—
	O42	40	40	—	—	—	—	—	—	—	—	—	—
	O43	—	—	—	—	—	22	22	—	—	—	—	—
	O44	—	—	—	—	—	—	—	32	32	—	—	—
J5	O51	45	45	—	—	—	—	—	—	—	—	—	—
	O52	—	—	—	22	—	—	—	—	—	—	—	—
	O53	—	—	—	—	—	—	—	32	32	—	—	—
J6	O61	42	42	—	—	—	—	—	—	—	—	—	—
	O62	—	—	—	—	—	25	25	—	—	—	—	—
	O63	—	—	—	—	—	—	—	—	—	18	18	—
	O64	—	—	—	—	—	—	—	32	32	—	—	—

将 IILS 算法和两阶段自适应变量邻域搜索（Two-stage Adaptive Variable Neighborhood Search，TAVNS）算法分别运用于本节应用案例所对应的集成多 AGV 的热处理车间单/多目标调度问题[4]。各算法的参数设置如表 5-10 所示。

表 5-10 各算法的参数设置

	算法名称	算法参数
单目标	IILS-II算法	H=200，G_{max}=2000000，max_no_improve = 0.04
	GA	N = 200，G_{max} =400，P_c =0.7，P_m =0.3
多目标	TAVNS 算法	N = 200，G_{max} =400，P_c =0.8，P_m = 1，T=50
	NSGA-II	N = 200，G_{max} =400，P_c=0.8，P_m= 0.25

在本节应用案例中，每种算法按照上述参数设置运行 20 次，并对所得结果进行统计。表 5-11 列出了单目标优化算法的对比结果。从表 5-11 中可以看出，IILS-II 算法与 GA 相比平均求解精度提高了 1.86%，平均运行时间缩短了 25.92%，求解质量和速度都好于 GA。

表 5-11 单目标优化算法的对比结果

算法名称	最好解	平均值/min	标准差	平均运行时间/s
IILS-II 算法	202	211.62	3.22	1.94
GA	207	215.67	4.16	2.67

将 TAVNS 算法用于本节应用案例的多目标优化，并与 NSGA-II 算法进行对比，如表 5-12 所示。从表 5-12 中可以看出，TAVNS 算法在完工时间、工件平均流经时间、加工机器和 AGV 总负荷时间上要略优于 NSGA-II，TAVNS 算法获得的目标优化结果[204, 165.83, 896]支配了 NSGA-II 获得的目标优化结果[206, 169.67, 906]。

表 5-12 多目标优化应用案例结果平均值统计

算法	目标优化结果	完工时间	工件平均流经时间	加工机器和 AGV 总负荷时间
TAVNS 算法	[204, 165.83, 896]	237.29	185.77	865.6
NSGA-II	[206, 169.67, 906]	248.59	189.27	866.82

图 5-12 所示为 TAVNS 算法调度结果对应的甘特图。图 5-12 包含所有工件每道工序的计划开工时间、完工时间，每道工序的调度任务用到的 AGV，起点和终点及对应的出发时间和到达时间，该调度方案对应的加工路径的先后顺序为 $O_{11} \rightarrow O_{61} \rightarrow O_{41} \rightarrow O_{31} \rightarrow O_{51} \rightarrow O_{21} \rightarrow O_{62} \rightarrow O_{12} \rightarrow O_{63} \rightarrow O_{42} \rightarrow O_{22} \rightarrow O_{32} \rightarrow O_{64} \rightarrow O_{13} \rightarrow O_{52} \rightarrow O_{53} \rightarrow O_{14} \rightarrow O_{23} \rightarrow O_{43} \rightarrow O_{33} \rightarrow O_{24} \rightarrow O_{34} \rightarrow O_{44}$。

表 5-13 所示为 TAVNS 算法调度方案的 AGV 调度任务。每个调度任务包含 AGV 编号、起点和终点。例如，J_1 的第 1 个调度任务 T_{02}-AGV_1 表示 AGV_1 将 J_1 从工位 0 运输到工位 2。

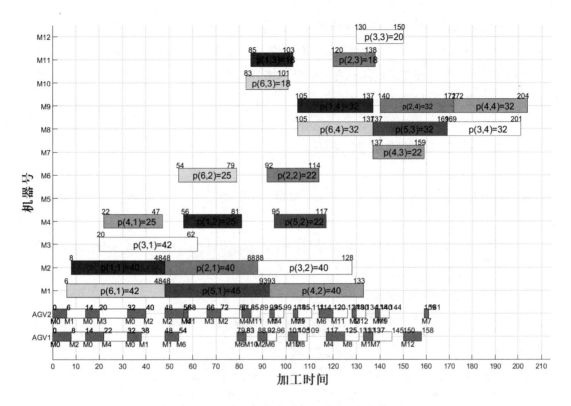

图 5-12　TAVNS 算法调度结果对应的甘特图

表 5-13　TAVNS 算法调度方案的 AGV 调度任务

工件	调度任务-AGV		
J1	T02-AGV1	T24-AGV2	T411-AGV2	T119-AGV2
J2	T02-AGV2	T26-AGV1	T611-AGV2	T119-AGV2
J3	T03-AGV2	T32-AGV2	T212-AGV2	T128-AGV1
J4	T04-AGV1	T41-AGV2	T17-AGV1	T79-AGV2
J5	T01-AGV1	T14-AGV2	T48-AGV1	—
J6	T01-AGV2	T16-AGV1	T610-AGV1	T108-AGV1

5.3　调度模块设计

单一的调度算法并不能满足实际的工业应用，因此需要对调度算法进行调度模块设计与开发，并考虑调度模块如何与现有系统集成的问题。本节在某企业现有热处理单元计算机集中控制系统的基础上，设计了集成多 AGV 的热处理车间调度模块，以提高热处理生产线的调度性能和智能化水平。调度模块的开发可以分为现有系统的需求分析、模块工作流程的设计、数据库表的结构设计与接口设计。

5.3.1 现有系统的需求分析

本节将分析已投入使用的热处理单元计算机集中控制系统。热处理单元计算机集中控制系统改造之前的软件界面图如图 5-13 所示。现有系统已具备系统管理模块和基础数据管理模块，其中系统管理模块的主要功能有管理员的身份验证和登录及权限管理；基础数据管理模块包含设备信息管理、任务信息管理、炉批号信息管理和热处理工序信息管理模块，基础数据管理模块可对数据库中的设备、任务、炉批号和工序信息进行增、删、查、改操作。

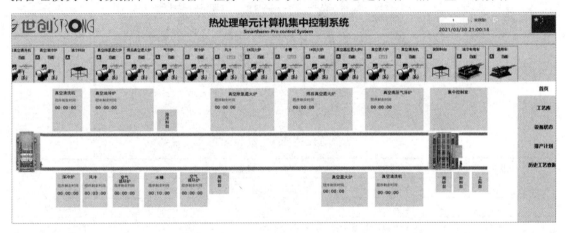

图 5-13　热处理单元计算机集中控制系统改造之前的软件界面图

整个系统运行流程如下。

（1）图 5-14 所示为添加设备界面。添加一批热处理任务中用到的所有工艺。

（2）设定每个炉批号的工艺路径，包括每道工序用到的工位和工艺参数。添加炉批号界面如图 5-15 所示。

（3）选择一组待调度的炉批号组成任务单。

（4）激活任务单。

（5）利用先进先出的规则对任务单中所有工序进行排产调度。

图 5-14　添加设备界面

图 5-15　添加炉批号界面

（6）图 5-16 所示的界面显示了已调度任务列表，即等待执行的任务，已激活任务单中的所有工序在每个工位前排成队列。

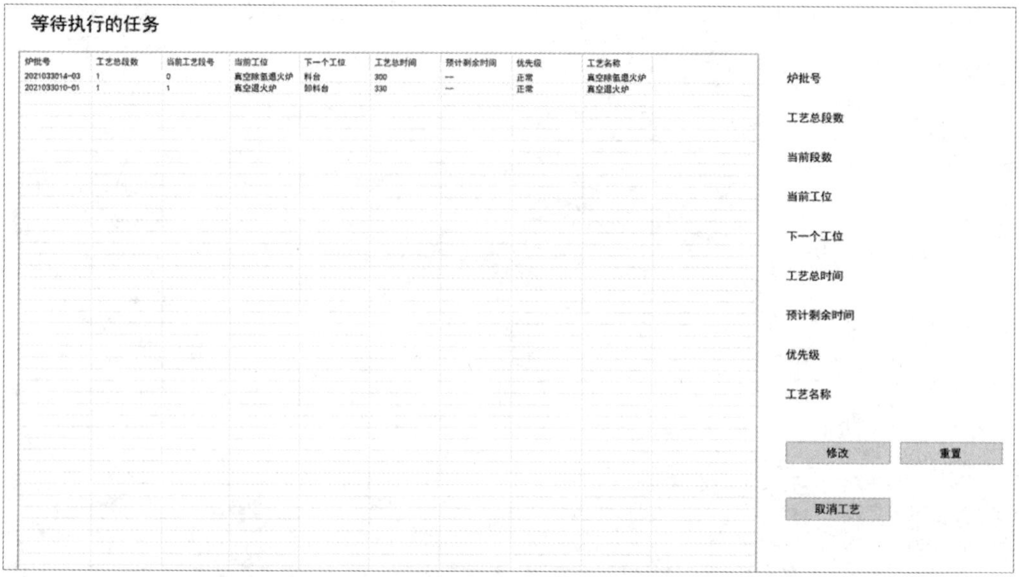

图 5-16　等待执行的任务列表界面

（7）按已调度任务列表执行任务，执行任务时轮询每个工位前任务队列的首道工序，判断工件与设备状态并输出控制指令，通过指令控制 AGV 移动和设备开关。

通过上述流程可知现有系统在调度时采用简单的先进先出规则，在该规则下，某生产周期内热处理任务的调度结果具有盲目性与短视性，热处理车间生产效率存在进一步的优化空间，因此有必要设计一个专门的调度模块，来对一定生产周期的热处理任务实现全局调度优化，同时需要在系统中设计和实现动态调度功能以处理诸如紧急订单插入、加工机器故障和人工修改工序优先级的动态事件。

5.3.2　模块工作流程的设计

针对企业现有系统的不足与需求，本节设计了一个调度模块，其具体的工作流程图如图 5-17 所示，每一个任务与基础数据管理模块中的信息绑定，从中获取车间当前状态下加工设备的相关信息及待加工的任务信息。在对生产作业进行调度前，操作人员选择任务生成任务单，并选择需要考虑的调度优化目标，调度时通过调用相应的单目标算法与多目标算法来生成初始调度方案，生成的调度方案通过数据解析成 AGV 移动和设备开关的指令并将其下发给 AGV 和设备来执行。当车间出现异常事件时，操作人员在动态调度模块中输入动态事件的信息，动态调度模块针对不同的异常事件做出不同响应，修改数据库中对应的信息，并调用重调度算法来生成新的调度方案转成指令下发给 AGV 和设备执行。在车间生产时，系统通过热处理炉工控传感器向外提供的接口收集工序的实际加工状态、设备状态信息并利用数据库进行实时更新，最终实现整个系统的闭环管理。

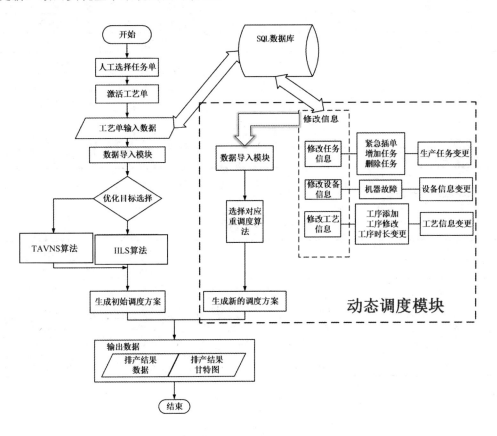

图 5-17　调度模块具体的工作流程图

5.3.3　数据库表的结构设计与接口设计

数据库表的结构代表现有系统的数据模型，为了设计一个高效可靠的调度模块，有必要先对调度系统的数据模型进行分析设计。现有系统调度模块的基础数据表包括工件（炉批号）信息表、设备信息表、激活后工件表、已调度任务表。

工件表（炉批号）信息表如表 5-14 所示。

表 5-14　工件表（炉批号表）

字段名称	数据类型	长度	备注	注释
batch_id	Integer	11	主键	炉批号
picture_num	Int	4	非空	图纸号
location	Int	4	非空	状态
total_time	Integer	11	非空	总工艺时间
create_time	Date	14	非空	创建年月日
material	Varchar	255	非空	工件材质
start_time	Timestamp	14	非空	创建时间
end_time	Timestamp	14	非空	完工时间
creator	Varchar	255	非空	创建人
activate_time	Timestamp	14	非空	激活时间
intial_location	Int	4	非空	工序起始料台

设备信息表如表 5-15 所示。

表 5-15　设备信息表

字段名称	数据类型	长度	备注	注释
equipment_id	Integer	12	主键	设备 ID
equipment_type	Int	4	非空	设备类型
working_energy_cons	Double	(16,2)	非空	额定功率
equipment_name	Varchar	20	非空	设备名称
equipment_status	Int	4	非空	设备状态
available_time	Timestamp	14	非空	初始释放时间

激活后工件表会在生产过程中实时更新，如表 5-16 所示。

表 5-16　激活后工件表

字段名称	数据类型	长度	备注	注释
batch_id	Integer	11	主键	炉批号
total_num_segments	Int	4	非空	总工序数
segment_num	Int	4	非空	当前工序号
equipment_now_id	Integer	11	非空	工件当前工位 ID
equipment_now	Varchar	255	非空	工件当前工位名称
equipment_next_id	Integer	11	非空	工件下一工位 ID
equipment_next	Varchar	255	非空	工件下一工位名称
total_time_now	Integer	11	非空	工序总时间

字段名称	数据类型	长度	备注	注释
rest_time	Integer	11	非空	剩余加工时间
process_name	Varchar	255	非空	工序名称
intial_location	Int	4	非空	工序起始料台位置

已调度任务表对应每一道待执行的工序，如表 5-17 所示。

表 5-17　已调度任务表

字段名称	数据类型	长度	备注	注释
batch_id	Integer	11	主键	炉批号
available_machines	Varchar	255	非空	可加工机器集合
operation_id	Int	4	非空	当前工序号
totalOperation_num	Int	4	非空	总工序数
assigned_machine	Integer	11	非空	实际被分配的工位
assigned_AGV	Integer	11	非空	实际被分配的 AGV 编号
start_time	Timestamp	14	非空	工序计划开始时间
duration	Integer	11	非空	工序时间
end_time	Timestamp	14	非空	工序计划完工时间
priority	Int	4	非空	工件优先级
status	Int	4	非空	0 表示未加工；1 表示正在加工；2 表示已加工完成

要将调度模块与现有系统集成，需要设计调度模块与系统中其他部分的接口。现有系统的调度流程可细分为添加设备、选择炉批号、激活任务单、数据预处理模块、排产调度模块、指令输出模块、热处理车间集控系统执行指令。下面结合案例来说明现有系统的调度流程。

首先在图 5-14 所示的界面中添加加工工件 $J_1 \sim J_6$ 所需的所有工位 $M_1 \sim M_{12}$，然后在图 5-15 所示的界面中添加和编辑各个炉批号的工艺路径。例如，在设置 J_1 的第 1 道工序淬火时输入可加工工位 M_1 和 M_2、时长 40min 及对应的温度和压力，生成炉批号与任务单，在调度任务单中选择要调度的炉批号 $J_1 \sim J_6$，并激活 $J_1 \sim J_6$ 组成的工艺单。

工艺单激活后需要对其中的数据进行预处理。数据预处理模块的功能是将被激活的工艺单转换为二维数组，模块的输入数据为被激活的炉批号对象，输出为工件工序设备表和工件工序时间表及各工位之间运输时间表三个二维数组。

利用调度算法对预处理之后的数据进行排产调度，热处理集控系统调度模块界面如图 5-18

所示，单目标可选择 IILS 算法，多目标可选择 TAVNS 算法，设置完算法相关参数后执行调度功能。将工作工序设备表、工件工序时间表及各工位之间运输时间表输入智能优化算法后，输出甘特图和调度结果的 JSON 文件，JSON 文件包含已调度任务表中的全部信息。

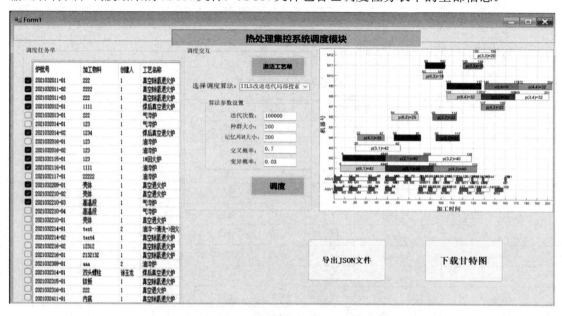

图 5-18　热处理集控系统调度模块界面图

甘特图可以下载保存，JSON 文件可以导出，JSON 文件中的信息与数据库中已调度任务表中的信息一一对应。JSON 文件中正在加工的 J_1 的第 1 道工序的信息如下。

```
{
"batch_id": "J1",
"available_machines": ["M1"],
"operation_id": 1,
"totalOperation _num": 4,
"start_time": 8,
"duration": 40,
"end_time": 48,
"color_batch ": ["red" ],
"completed": true,
"priority": 0,
"assigned_machine": "M2",
"assigned_AGV": "A1",
```

```
"status": "1",
}
```

指令输出模块接收调度结果的 JSON 文件，并将该文件解析成已调度任务表更新到数据库中。系统根据已调度任务表，生成 AGV 移动指令和设备开关指令下发给对应设备执行。热处理集控系统多 AGV 调度流程如图 5-19 所示。

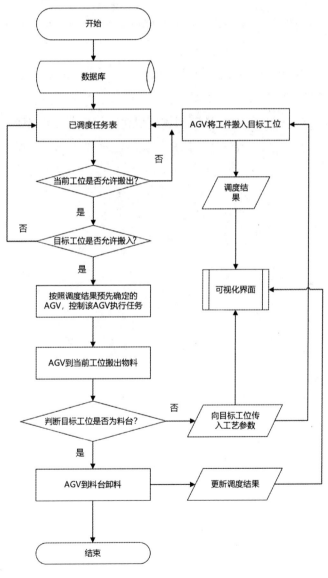

图 5-19　热处理集控系统多 AGV 调度流程

本章参考文献

[1] 刘二辉. 面向制造物联的 AGV 路径规划及其集成的作业车间调度研究[D]. 广州：华南理工大学, 2017.

[2] 刘二辉, 姚锡凡, 陶韬, 等. 基于改进花授粉算法的共融 AGV 作业车间调度[J]. 计算机集成制造系统, 2019, 25(9): 2219-2236.

[3] 胡晓阳. 集成多 AGV 的柔性热处理车间调度优化[D]. 广州：华南理工大学, 2022.

[4] 胡晓阳, 姚锡凡, 黄鹏, 等. 改进迭代局部搜索算法求解多 AGV 柔性作业车间调度问题[J]. 计算机集成制造系统, 2022, 28(7):2198-2212.

反侵权盗版声明

　　电子工业出版社依法对本作品享有专有出版权。任何未经权利人书面许可，复制、销售或通过信息网络传播本作品的行为；歪曲、篡改、剽窃本作品的行为，均违反《中华人民共和国著作权法》，其行为人应承担相应的民事责任和行政责任，构成犯罪的，将被依法追究刑事责任。

　　为了维护市场秩序，保护权利人的合法权益，我社将依法查处和打击侵权盗版的单位和个人。欢迎社会各界人士积极举报侵权盗版行为，本社将奖励举报有功人员，并保证举报人的信息不被泄露。

举报电话：（010）88254396；（010）88258888

传　　真：（010）88254397

E - m a i l：dbqq@phei.com.cn

通信地址：北京市万寿路 173 信箱

　　　　　电子工业出版社总编办公室

邮　　编：100036